高等职业教育园林工程技术专业系列教材

园林模型设计与制作

主　编　　刘学军
参　编　　周初梅　黄晖

机 械 工 业 出 版 社

本书分为园林模型基本知识和技术应用两个部分，以实用技术培训为主线，以实训项目模块为重点，在系统概述园林模型特点、用途、分类，制作材料、制作工具、下料方式以及模型设计、制作流程等核心内容的基础上，结合大量的模型实物图片，通过项目任务解读、流程概述和操作要点分析，对园林模型选材、制作技法、技术工艺、造型艺术审美等方面进行完整而清晰的介绍。

针对高职高专院校园林、景观专业的学生，本着工学结合、校企合作的基本原则，本书着重强调了实训项目与工作任务有机结合的时效性。在实训项目选择和技术要点编写方面力求紧密结合市场，以熟练掌握模型制作技术为核心，展示了园林模型设计与制作的经典案例和关键技术。

本书既可作为高职高专院校园林景观专业的实训教材，同时也可作为园林、景观、建筑等相关行业模型制作的参考书。

图书在版编目（CIP）数据

园林模型设计与制作/刘学军主编．—北京：机械工业出版社，2011.3（2024.1 重印）
高等职业教育园林工程技术专业系列教材
ISBN 978-7-111-33773-7

Ⅰ．①园…　Ⅱ．①刘…　Ⅲ．①园林设计—高等职业教育—教材
Ⅳ．①TU986.2

中国版本图书馆 CIP 数据核字（2011）第 044019 号

机械工业出版社（北京市百万庄大街 22 号　邮政编码 100037）
策划编辑：李俊玲　王靖辉　　责任编辑：王靖辉
版式设计：墨格文慧　　封面设计：王伟光
责任印制：常天培

固安县铭成印刷有限公司印刷

2024 年 1 月第 1 版第 11 次印刷
184mm×260mm・5.5 印张・131 千字
标准书号：ISBN 978-7-111-33773-7
定价：29.80 元

电话服务　　网络服务
客服电话：010-88361066　　机　工　官　网：www.cmpbook.com
010-88379833　　机　工　官　博：weibo.com/cmp1952
010-68326294　　金　书　网：www.golden-book.com
封底无防伪标均为盗版　　机工教育服务网：www.cmpedu.com

前　言

作为园林规划设计、景观设计表现手段之一的园林模型，其设计与制作技术已进入一个全新的发展阶段。当前，我国经济飞速发展、城市建设日新月异，无论是园林、地产界还是高等院校园林专业教学中，园林模型、景观模型日益被重视。其原因在于园林、景观模型容其他表现手段之长、补其之短，有机地将形式与内容完美地结合在一起，以其独特的形式向人们展示了一个仿真的、立体的空间视觉形象。

在高职类院校园林专业开设“园林模型设计与制作”课程，对学生专业应用技术能力的提高有着特殊的意义：通过制作真实、立体的模型，既锻炼了学生的动手实操技能，又使学生对“园林规划设计”、“园林建筑设计”、“园林工程”等相关课程所涉及的工程项目综合设计和施工管理的应用能力得到了补充和深化。这与当前高职园林人才培养的总体目标要求非常吻合；与园林绿化行业、地产景观公司一线岗位能力需求相对应；为学生在园林设计、园林工程施工、景观建筑模型公司等方面的就业创造了有利条件。

园林模型制作是一种理性化、艺术化的制作。它要求模型制作人员一方面要有丰富的想象力和高度的概括力；另一方面要熟练地掌握园林模型制作的基本技法。只有这样才有可能通过理性的思维、艺术的表达，比较准确地制作出技术含量高、外观新颖、工艺精巧而富有艺术感染力的园林模型。

本书由深圳职业技术学院刘学军任主编，编写分工如下：第一章～第四章、第七章、第八章由刘学军编写，第五章由深圳职业技术学院周初梅编写，第六章由深圳职业技术学院黄晖编写。本书包含大量的模型实物图片，这些图片有的来自深圳职业技术学院城市园林专业多年积累的模型实物资料，同时也参考了一些模型公司、地产公司的模型照片资料。

由于编者水平有限，对国内高职园林、景观教育的发展实情调研还不够全面，对该课程的教学标准把握还处在探索阶段，因此书中错误和不足之处在所难免，敬请广大师生、读者及相关专业人士批评指正。

编　者

目　　录

前言
第一章　园林模型概述……1
第一节　园林模型特点……1
第二节　园林模型用途……3
第三节　园林模型分类……4
第四节　学习方法和技巧……7
第二章　园林模型材料……9
第一节　主材类……9
第二节　辅材类……14
第三章　模型制作工具和主要下料方式……20
第一节　模型制作工具……20
第二节　主要下料方式……27
第四章　园林模型总体设计……32
第一节　项目分析……32
第二节　图样准备……33
第三节　模型设计……34
第五章　园林模型制作流程……37
第一节　手工模型制作流程……37
第二节　电脑雕刻模型制作流程……39
第六章　园林模型制作技法……42
第一节　园林建筑制作技法……42
第二节　园林绿化和配景制作技法……48
第七章　创意类模型制作训练……56
第一节　花架、亭廊创意模型……56
第二节　公园洗手间创意模型……64
第三节　公园卖品店创意模型……66
第四节　小游园创意模型……67
第八章　展示类模型制作实例……70
第一节　花架、亭廊展示模型制作实例……70
第二节　公园洗手间展示模型制作实例……73
第三节　公园卖品店展示模型制作实例……74
第四节　公园小型展室展示模型制作实例……75

第五节　多功能活动室展示模型制作实例……75
第六节　别墅建筑与环境模型制作实例……76
第七节　居住区花园环境展示模型制作实例……77
第八节　大型主题公园展示模型制作实例……78

参考文献……81

第一章　园林模型概述

园林模型是城市公园景观规划设计、城市街道绿地设计、居住区花园设计以及多种用途的室外环境（如机关单位办公区、公司企业办公区、学校园区、科技园区、体育园区等景观环境）设计的一种重要表现手段。园林模型将园林设计图样上的二维图像转变为三维的立体形态，从而形象、直观地表达设计思想。园林模型广泛应用于园林景观行业、房地产行业以及相关的城建、环保等领域。

第一节　园林模型特点

园林模型设计和制作，是一项艺术与技术的融合，是新材料、新工艺、新理念的综合。与其他类型的模型相比，园林模型模拟真实山水环境，花草树木种类繁多、色彩丰富，园林建筑讲究轻巧、大方、美观，环境设施小品布置要求便捷舒适、具有艺术美感等。

园林模型的总体特点，可以概括为如下三个层面。

一、园林模型是三维、立体、直观的设计表现形式

园林模型需要用实物材料来制作，具有独特的三维空间表现能力，与二维平面的园林方案图样、施工图样有很大区别。园林模型作为设计人员的专业语言，借助立体模型，对园林景观设计的理念、功能、形态、结构、材料、构造、细部大样等进行直观展示。这种三维、立体的形象对于普通大众来说，是最好的交流表现形式；对于专家和决策者来说，可以预测、分析、把握园林建成后的概况，便于论证决策或拍板定案（图 1-1、图 1-2）。

图 1-1　北京奥运鸟巢区域环境模型

图 1-2　上海黄浦江区域环境模型

二、园林模型是园林实景景观的微缩效果

按一定比例微缩而成的园林模型，是传递、解释、展示设计思路的重要工具和载体（图 1-3）。因此，园林模型的外观效果应追求美观、大方、精致，尤其是尽可能强化其

真实性、可视性。当今很多大型园林的展示模型，借助高超的制作技术手段，完全能够真实模拟动感的，喷泉流水光影闪烁的街景，精致的环境小品，靓丽的小车等。

图 1-3　北京故宫景区模型

三、园林模型具有较高的实用价值、审美价值和科普价值

园林模型的实用价值体现在其模拟了山水、植物、建筑环境的真实效果，让人们能够对园林的功能分区、空间布局、交通流线、景点组合关系以及园林建筑外观形式等有整体、清晰的认识。园林模型形象、真实、完整，以现实中的园林实物为参照，以三维的立体形式直观反映于人的视觉中，它能表现园林的整个实体空间和环境，展示出所有景观层面（图 1-4、图 1-5、图 1-6），而不同于只能单纯地表现一个面或一个角度的二维图样表现形式。

图 1-4　海滨景区环境展示模型

此外，园林模型本身营造的是仿真的环境，有青山绿水、花草树木、亭廊花架和各种小品设施，不管是家园环境还是自然风景区域的休闲环境，人们都容易被它独特的环境艺术魅力所吸引，具有较高的审美价值。同时，园林模型展示了绿色、生态、环保、节能等多种理念和技术，观赏者得到的不仅是优美的视觉形象，还有重要的科普知识、信息，因此其科普价值也不容低估。

图 1-5　住区中心花园环境模型

图 1-6　多功能会所花园环境模型

第二节　园林模型用途

园林模型是园林规划设计、城市广场绿地、旅游景区等环境景观设计的一种实景模拟的三维立体表达方式。园林模型以其独特的形式向人们展示出一个直观立体的视觉形象，其可看、可触、可感，具有其他表现手段无法比拟的特点与长处。随着城市基础建设、公园广场等环境绿化美化、山水资源综合治理、住区花园景观营造等各个层面相关工作的广泛开展，园林模型也日益被社会所重视。

园林模型的功能用途主要体现在以下四个方面：

一、完善设计构思

在园林设计过程中，设计师先要作草图方案，借助于电脑进行 CAD 图样的绘制，同时为了使功能分区、交通流线组织得更加合理，园林建筑形态比例尺度等把握得更加得体适宜，需要借助一些模型来推敲、修改、完善原来的构思。这种模型又称为工作模型或“草模”。园林“草模”的表现形式比较粗略，对制作材料、工艺要求不高，能够辅助设计师深化、细化方案构思，便于与甲方、业主在方案创作阶段的交流和沟通。

二、表现园林实体

园林的成果模型（展示模型）是向观者展示园林景观特色的一种形式。在确定比例、材料、色彩时要求模拟真实的环境，在模型的制作工艺方面也要求比较精细，常用于大型公园、景区、城市广场、绿地等规划设计招投标服务和向社会公众展示、宣传和吸纳意见，给园林项目规划的决策层（如行政领导、技术专家、投资公司等）提供实景展示和评价依据（图 1-7～图 1-9）。大型区域景观规划、城市公园绿地规划设计的模型展示等，还向广大市民、投资商以及国际友人等宣传近期、远期的城市环境建设的总体目标和发展进程。这种微缩景观的立体表现形式——未来城市环境的展示模型，是当前城市化建设向市民宣传绿色、生态、环保知识以及科普人文教育等所必不可少的道具之一。

图 1-7　现代住区环境展示模型

图 1-8　院落环境展示模型

三、指导园林施工

在地形复杂、景点类型多样、园林建筑数量多和构造节点技术要求高的园林项目中，园林模型有助于施工单位理解设计图样、把握实景效果，特别是一些构造复杂、工艺精细的仿古园林建筑或钢结构现代景观建筑，往往要用实体模型来展示建筑结构、构造工艺、节点大样的特点，以便于施工单位准确把握设计意图，对施工有很好的指导作用。

四、商业广告宣传

当代地产界广告宣传、营销方式很多，其中最直接的手段是接待购房者进行实体模型观赏和问题答疑。地产商比较看重模型的商业宣传价值，都要推出大型楼盘的总体模型、大比例的单体户型模型等，并且模型效果讲究花园优美，建筑美观新颖，绿色生态环保，水景真实感人，这对商业营销非常重要，体现了突出的商业价值（图 1-10）。

图 1-9　院落环境概念模型

图 1-10　别墅环境模型

第三节　园林模型分类

园林模型种类和形式很多，不同的分类方法适用于不同的用途和场合。通常采用两种分类方法，即用途分类法和材料分类法。

一、按模型的用途分类

园林模型按其表现形式和最终用途可分为构思模型、展示模型两大类。

1. 构思模型

构思模型又称为“工作模型”、“过程模型”，相当于园林设计的“草图”，是园林设计师推敲造型、深化构思、完善构思的重要手段（图 1-11、图 1-12）。它对工艺、色彩、质感和肌理等方面的要求不是很高。如设计师经常采用的“泡沫板模型”，通过设计师的快速切割、组装，短时间内即可完成按等高线叠加起来的泡沫板地形模型或建筑体块模型，有助于设计师分析园林建筑整体布局，在构思过程中探求空间的变化，比较准确地把握实体的体量增减、比例控制，推敲实体与实体、空间与空间、实体与空间的关系。

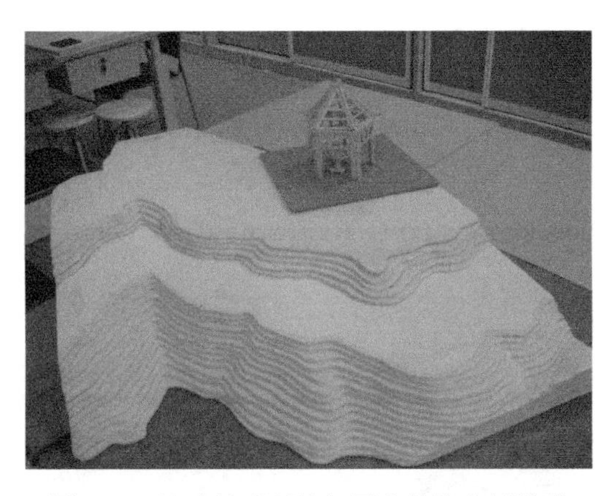

图 1-11　泡沫地形环境与园亭体块分析模型

图 1-12　六边形坡顶亭概念模型

2. 展示模型

展示模型又称为“实景模型”、“成果模型”。展示模型不同于构思模型，它是以规划设计方案的总图、单体平面图、立面图、剖面图、节点大样图为依据，按照适宜的比例精确制作而成；其材料也要模拟真实的场景、环境，并适当进行艺术加工处理。在制作方面要求精细、质感强、色彩和谐统一，以达到真实、形象、完整的艺术效果。这种模型适用于投标、审批、展示、归档和收藏等，可以在各种场合上展示设计师的最终成果，具有长期的使用和保存价值（图 1-13、图 1-14）。

图 1-13　别墅环境模型

图 1-14　住区屋顶花园模型

二、按模型的材料分类

1. 卡纸模型（图 1-15）

卡纸模型制作简单，材料加工方便，粘结容易，在表现园林建筑物的质感方面容易进行模拟处理。其缺点是卡纸遇到潮湿时易变形、不易长期保存。

2. 吹塑纸模型

吹塑纸模型适用于一般的投标项目、临时展出和上级审批等短期性的工作使用。吹塑纸价格低廉、易加工，但制作精度不高，质感不强，不适用于制作长期使用的模型。

3. 发泡塑料模型（图 1-16）

发泡塑料即聚苯乙烯泡沫，是日常生活中常见的包装材料。发泡塑料模型适用于比较大的城市区域规划体块模型或设计师构思时的分析模型（草模）使用。发泡塑料质软且轻，容易加工和修改，制作快，成本低。

图 1-15　卡纸模型

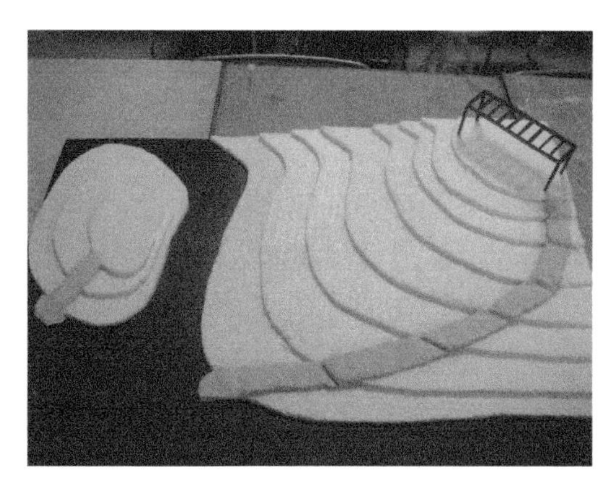

图 1-16　发泡塑料模型

4. 有机玻璃模型（图 1-17）

有机玻璃模型适用于投标、重要场合和长期保存使用。有机玻璃材质具有一定强度，表面光洁，有透明和不透明的彩色板材，易于手工、机械和电脑加工，进行割、锉、刨、锯、钻、磨和涂饰等工艺处理，加温软化后可以弯曲成形。使用这种材料能得到十分精细、逼真的园林建筑效果或水景效果。

5. 木质模型（图 1-18）

木质模型适用于古典园林建筑艺术欣赏或现代景观设计中某些概念的抽象表达使用。国际通用的木质建筑或园林地形、景观环境模型主要采用胶合板材料，但价格高、不易加工，目前国内使用较少。国内常见的主要是仿古园林建筑模型，如北方皇家园林中的楼阁殿堂等大型木结构建筑、江南私家园林中的亭台榭舫等小型木结构建筑等，要求选用材质优良适合雕刻工艺的实木，制作技术要求高，工艺要精巧，能体现中国古典园林建筑的美感，具有很高的展示和艺术收藏价值。

图 1-17　有机玻璃模型

图 1-18　古建筑院落木质模型

6. 塑料模型（图 1-19）

当前的园林模型制作需要很多小型配料，如仿真草坪、仿真树木花卉、仿真汽车人物雕塑、仿真栏杆柱式等，很多是由专业的厂家提供，它们的主要材料就是塑料，通过各种模具和特殊工艺，可以批量生产，为专业模型公司提供配料。

图 1-19　小车和街景绿化仿真模型

无论哪种材料的园林模型，在制作选材时都不只是单一的材料，都要选择其他材料配合制作，辅助材料也是必不可少的。好的模型应该是综合使用多种材料，物尽其用，制作精美，能突出作品的外观审美特色，具有吸引力和感染力，满足设计交流、专家评审、公众宣传、商业营销等多项用途。

第四节　学习方法和技巧

园林模型设计与制作既是一项想象力与创造力有机结合的创作，也是一项需要耗费体力与汗水的辛苦劳动。对每一个模型制作人员来说，园林模型制作是一个将视觉对象回推到原始形态，利用各种组合要素，按照形式美的原则，依据内在的规律组合成一种新的立体多维形态的过程。该过程涉及许多学科知识，同时又具有较强的专业性。

对于高职院校学生，关键的是培养就业岗位的一线应用型技术人才，因此在该课程的实训教学中就要注意实用和适宜的学习方法和技巧。惟其如此，才能因材施教，有效提高课程的实训效率，让学生在有限的时间内掌握园林的设计技术和模型制作技能。

一、把握园林模型造型特点

园林图样和模型都是园林的“语言”，反映了园林设计的内涵。特别是包含园林建筑在内的更为直观立体的园林模型制作，需要学生课前做一些图样解读和造型分析。

园林模型作为一种造型艺术，体现了如下特点：

1）将园林设计人员图样上的二维图像，通过创意、材料体现出三维立体形态。

2）通过对材料进行手工与机械工艺加工，生成具有转折、凹凸变化的表面形态。

3）通过对表层进行物理与化学手段的处理，产生惟妙惟肖的艺术效果。

模型设计时要考虑到如何选材、下料，如何连接各大小组件等具体操作；制作时也要考虑到造型艺术的审美要求，注意构造的合理性和节点大样的准确性，争取精巧雅致的外观造型效果。

二、充分了解园林模型材料特点

园林模型的制作，最基本的构成要素就是材料。制作园林模型的专业材料和各种可利用的日常生活材料甚至被弃置的废料很多，因此，对于模型制作人员来说，要善于利用多种材料进行合理便捷地组合搭配，这就要求制作人员要熟悉和了解这些材料的基本物理特性与化学特性，真正做到物尽其用、物为所用。

三、把握实用的操作流程

模型从底盘设计、地形塑造、园林建筑下料图样绘制到机器或手工切割下料、墙柱梁等杆件连接、体块拼装组合，再到硬地铺装、水景制作、植物种植和灯具、座凳、雕塑等环艺小品装饰，有其内在的规律性，每个模型项目应当预先设计科学合理的操作流程，这样在整个操作过程中才能做到合理的分配工时，循序渐进、有条不紊地解决实际问题。

四、掌握基本的制作方法和技巧

了解园林模型制作的基本技术操作要点很重要。任何复杂园林地形环境、广场场景、园林建筑、树木小品等模型的制作都是利用最基本的制作方法，通过改变材料的形态，组合块面而形成的。因此，要想完成高难度复杂的园林模型制作，必须有熟练的基本制作方法做保障。同时，还要在掌握基本制作方法的基础上，合理地利用各种加工手段和新工艺，从而进一步提高园林模型的制作精确度和表现力。

第二章　园林模型材料

材料是园林模型构成的一个重要因素，它决定了模型的表面肌理形态。随着科学技术的发展，适用于制作园林模型的材料日渐增多，呈现出多品种、多样化的趋势，已经由过去比较单一的板材或线材发展到现在的点、线、面、块等多种形态的专用材料。

园林模型材料有多种分类方法，有按材料产生的年代进行划分的，也有按材料的物理性质和化学性质进行划分的。我们这里所介绍材料的分类，主要是从园林环境和园林建筑模型制作角度上进行划分的。因此，在本书中，根据园林建筑模型制作过程中所充任的角色不同，把园林模型材料划分为主材和辅材两大类。

第一节　主　材　类

主材是用于制作园林建筑模型主体部分、园林环境主要覆盖面的材料。通常采用的是纸板类、泡沫材料、塑料材料和木材类四大类。模型制作者要根据园林总体环境规划设计要求和园林建筑单体自身特性来合理地选用模型材料。

一、纸板类

纸板是园林建筑模型和园林环境模型制作最基本、最简便、应用最广泛的一种材料。该类材料可以通过剪裁、折叠改变原有的形态；通过折皱产生各种不同的肌理；通过渲染改变其固有色，具有较强的可塑性。

纸板材料的优点是：适用范围广，品种、规格、色彩多样，易折叠、切割，加工方便，表现力强，适合构思过程中反复推敲修改、更换等，价格相对低廉；其缺点是：材料物理性能较差，强度低，吸湿性强，受潮易变形，粘接速度慢，成形后不易修整，整体感觉档次较低等。

常用纸板的厚度一般为0.5～3mm，就色彩而言多达数十种，同时由于纸的加工工艺不同，生产出的纸板肌理和质感也各不相同。另外，还有一种仿石材和墙面的半成品纸张。这种纸张使用方便，在制作模型时，只需剪裁、粘贴后便可呈现其效果。但选用这种纸张时，应特别注意图案比例，尽可能要与园林建筑或常规尺寸的相对比例做到吻合。

园林模型常用的纸质材料大致包括：卡纸、绒纸、吹塑纸、墙壁纸、装饰纸、涤纶纸、锡箔纸、不干胶纸（及时贴）等。其中，彩色卡纸（图 2-1）适合剪裁，如绿色卡纸可以剪裁成大片树叶来制作椰子树、散尾葵等，大面积铺贴时可视为草坪。绿色绒纸可铺贴成足球场草坪，红色绒纸可铺贴成田径场跑道等。吹塑纸可以剪裁粘贴成构思草模。各种色彩的墙壁纸既可以装饰园林建筑的墙面，也可以用于彩色屋顶的装饰，特别是瓦楞纸（图 2-2），可用于仿真瓦垄的屋顶装饰面层。蓝色的涤纶纸可用于景观水池水面、湖面、河流等水景仿真装饰。锡箔纸可用于建筑中的铝板墙面装饰或镜面玻璃的仿真装饰。多种色彩的及时贴可剪裁粘贴为建筑外墙、道路、广场硬地铺装等处的贴饰。园林

模型制作者可以根据特定的条件要求来选择不同类别的纸质材料（图 2-3、图 2-4）。

图 2-1　彩色卡纸

图 2-2　瓦楞纸

图 2-3　卡纸模型 1

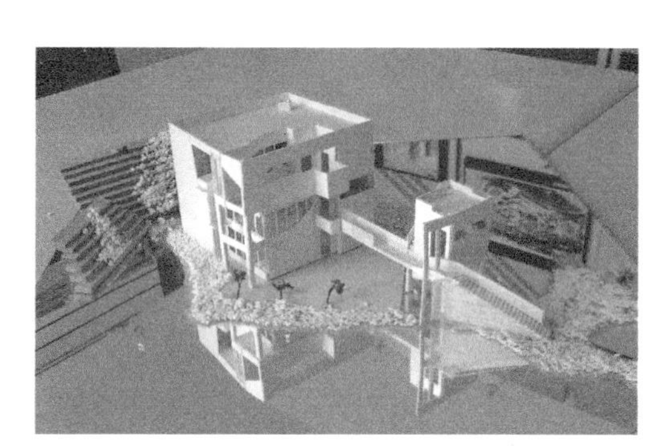

图 2-4　卡纸模型 2

二、泡沫材料

（一）泡沫聚苯乙烯板

泡沫聚苯乙烯板是一种用途相当广泛的材料，属于泡沫材料的一种，其是由化工材料加热发泡而制成的。它是制作园林地形环境、园林建筑体块模型常用的材料之一（图 2-5）。该材料质地比较粗糙，因此，一般只用于制作园林建筑方案的概念构思体块模型、过程模型，俗称“草模”。园林设计用来推敲地形变化和进行竖向设计时，泡沫板也是按等高线分层切割和粘贴坡地地形的常用材料（图 2-6）。

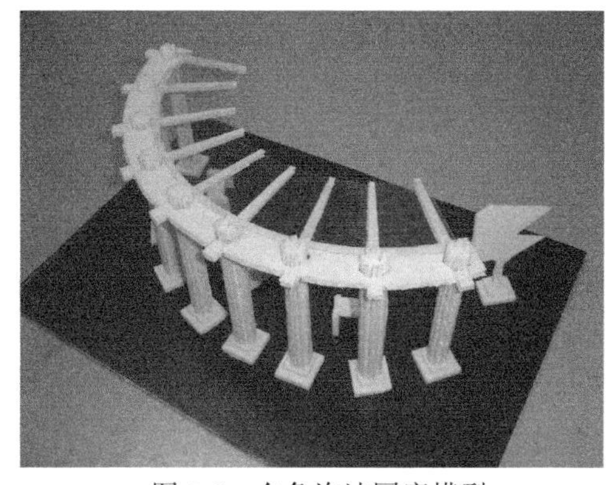

图 2-5　白色泡沫园廊模型

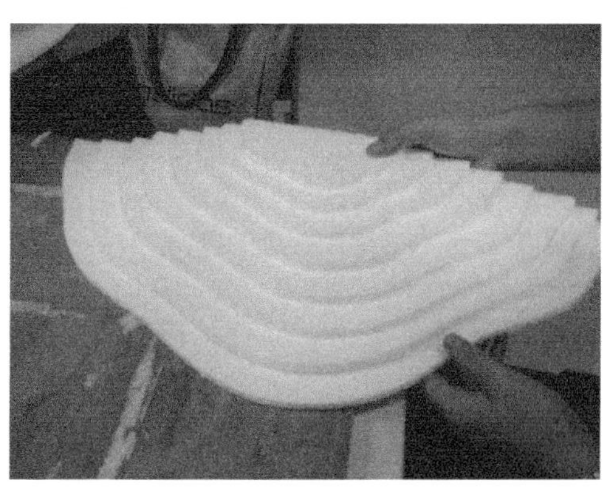

图 2-6　白色泡沫地形模型

泡沫聚苯乙烯板材料的优点是：造价低、材质轻、易加工等；其缺点是：质地粗糙、不易精确裁切、不易着色（该材料是由化工原料制成，着色时不能选用带有稀料类的涂料）。常见泡沫板的厚度为10～50mm。

（二）KT板

KT板（图2-7）是一种由PS颗粒经过发泡生成板芯，经过表面覆膜压合而成的一种新型材料。其板体挺括、轻盈、不易变质、易于加工，并可直接在板上印刷、油漆、裱覆背胶画面及喷绘，因此可广泛应用于广告展示、建筑装饰、文化艺术包装等方面。在制作园林模型时，使用KT板可以自由切割下料和连接组装，特别是在用其制作园林花架、亭廊构造模型时，速度快、效率高，耗材便宜（图2-8）。

图2-7　KT板

图2-8　KT板构思模型（展室设计）

三、塑料材料

有机玻璃板、塑料板、ABS板这三种材料一般称为硬质材料。它们都是由化工原料加工制成的。在园林环境、园林建筑模型制作中，主要用于展示类规划模型及单体模型的制作。

（一）有机玻璃板

用于园林建筑模型制作的有机玻璃板材，常用厚度为1～5mm，该材料分为透明板和不透明板两类。透明板一般用于制作建筑物玻璃和采光部分，不透明板主要用于制作建筑物的主体部分。这种材料是一种比较理想的园林建筑模型制作材料（图2-9、图2-10）。

有机玻璃板的优点是：质地细腻、挺括，可塑性强，通过热加工可以制作各种曲面、弧面、球面的造型。其缺点是：厚度大的有机玻璃板不易手工切割，制作工艺相对复杂。

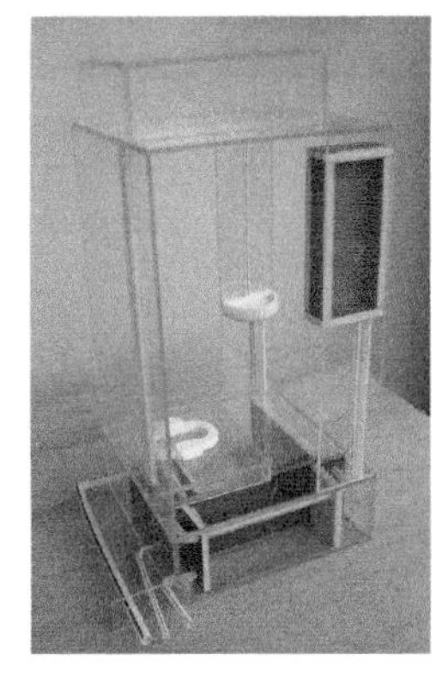

图2-9　有机玻璃板模型（洗手间）

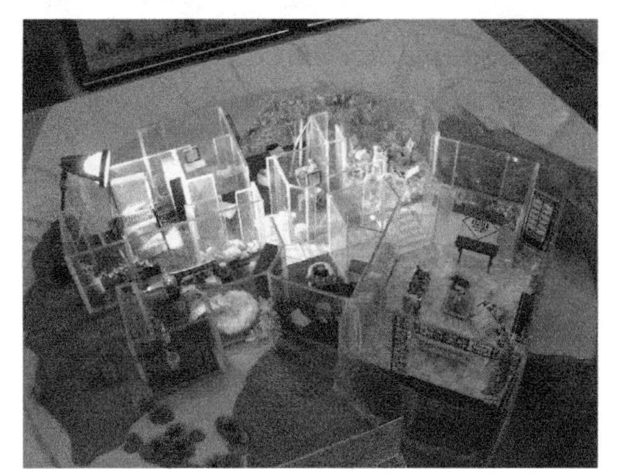

图2-10　有机玻璃板模型（室内环境）

（二）塑料板

塑料板的适用范围、特性与有机玻璃板相同，造价比有机玻璃板低，板材强度不如有机玻璃板高，加工起来板材发涩，有时给制作带来不必要的麻烦。因此，模型制作者应慎重选用此种材料。

（三）ABS 板

ABS 板是一种新型的建筑模型制作材料。该材料为磁白色板材，厚度为 0.5～5mm。ABS 板是手工及电脑雕刻加工制作园林建筑模型的主要材料（图 2-11～图 2-14）。

ABS 板的优点是：适用范围广，材质挺括、细腻，易加工，着色性、可塑性强。其缺点是：材料塑性较大。

图 2-11　ABS 板模型 1（活动室）

图 2-12　ABS 板模型 2（活动室）

图 2-13　ABS 板模型 3（校园建筑环境）

图 2-14　ABS 板模型 4（办公建筑环境）

四、木材类

实木线条和板材是园林建筑模型制作的基本材料之一，如亭廊、花架等实木模型的制作，就需要大量的实木线条和板材。

（一）实木线条

实木线条是选用质硬，木质较细，耐磨、耐腐蚀，不劈，切面光、可加工性良好，油漆性、上色性、粘结性好，钉着力强的木植物，经过干燥处理后，用机械加工或手工加工

而成的。实木线条经常用作园林建筑中亭廊、花架的柱、梁、檩条等主要受力构件。木材经高温蒸煮、烘干、自然存放之后平衡木材含水率，确保生产出的木线光滑、不变形、尺寸准确、色彩鲜艳均匀。

园林实木模型着色或上漆有清油和混油之分，因此木线也分为清油和混油两类。清油木线对材质要求较高，市场售价也较高，主要品种有黑胡桃、沙比利、红胡桃、红樱桃、曲柳、泰柚、榉木等。混油木线对材质要求相对较低，市场售价也比较低，主要有椴木、杨木、白木、松木等。

（二）实木板材

1．航模板

航模板是由泡桐木经化学处理而制成的板材。这种板材质地细腻，且经过化学处理，所以在制作过程中，无论是沿木材纹理切割，还是垂直于木材纹理切割，切口都不会劈裂。

2．实木板材

除航模板之外，可用于园林建筑模型制作的实木板材还有椴木、云杉、杨木、朴木等，这些木材纹理平直，树节较少，且质地较软，易于加工和造型。另外，目前还有一种较为常用的微薄木（俗称木皮），是由圆木旋切而成，其厚度为 0.5mm 左右，具有多种木材纹理，可用于园林建筑模型外层处理。该材料的优点是材质细腻、挺括，纹理清晰，极富自然表现力，加工方便；其缺点是吸湿性强，易变形。

3．木质人造板

木质人造板是利用木材、木质纤维、木质碎料或其他植物纤维为原料，加胶粘剂和其他添加剂制成的板材。木质人造板主要用于园林模型的建筑主体（如地面、屋面等）的制作和模型底盘的制作，常用到的品种有单板、胶合板、细木工板（又名大芯板）、纤维板、密度板等。

目前，胶合板和细木工板是制作模型底盘的主要材料，它们受力均匀，有一定强度，不易变形。若制作大型或超大型的园林展示模型底盘，还需要增加木龙骨来满足受力刚度和抵抗变形的特殊需求。

木质模型与一般的纸质模型、塑料类模型相比，具有独特的风格，其自然纯朴的外观和精湛的雕刻往往带给人们浓郁的艺术享受（图 2-15～图 2-20）。

图 2-15　实木模型 1（木亭结构）

图 2-16　实木模型 2（古建筑屋顶）

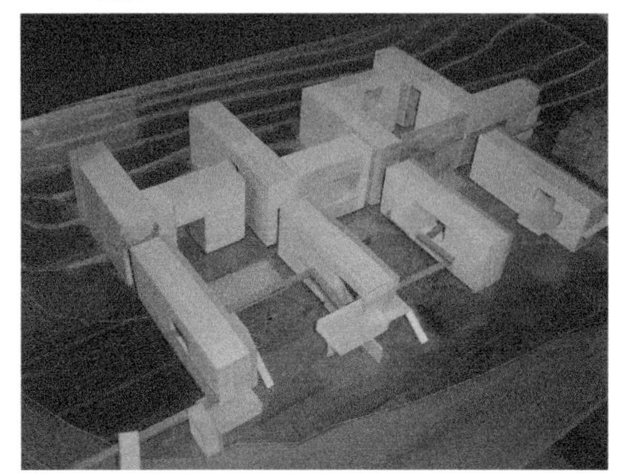

图 2-17　实木模型 3（展览建筑）

图 2-18　实木模型 4（展览建筑）

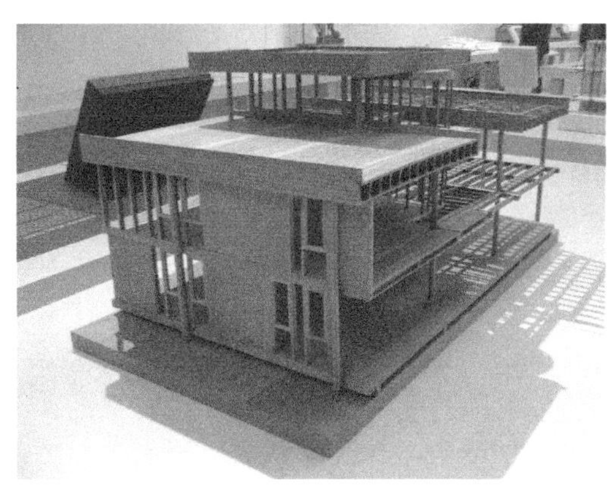

图 2-19　实木模型 5（展览建筑）

图 2-20　实木模型 6（展览建筑）

第二节　辅　材　类

辅材是用于制作园林建筑模型主体以外部分的材料以及加工制作过程中使用的粘结剂。它主要用于制作园林建筑模型主体的细部和环境。辅材的种类很多，尤其是近几年来涌现出的新材料，无论是从仿真程度，还是从实用价值来看，都远远超越了传统材料。

一、金属材料

金属材料是园林建筑模型制作中经常使用的一种辅材。它包括钢、铜、铅等的板材、管材、线材三大类。该材料一般用于建筑物某一局部的加工制作，如园林建筑物的钢管柱子、网架、楼梯栏杆扶手等。

二、纸黏土

纸黏土是一种制作建筑模型和配景环境的材料。该材料是由纸浆、纤维束、胶、水混合而成的白色泥状体。它可以用雕塑的手法，较快地把建筑物塑造出来。此外，由于该材料具有可塑性强、便于修改、干燥后较轻等特点，模型制作者常用其制作坡地、山地地形。该材料的缺点是收缩率大，因此在使用时，在制作过程中应考虑避免产生尺度的误差。

三、油泥

油泥俗称橡皮泥（图 2-21）。该材料的特性与纸黏土相同，其不同之处在于油泥是油性泥状体，使用过程中不宜干燥。油泥一般用于制作灌制石膏模具。

专业模型用的材料是精雕油泥，此种材料为暗橙色，常温下质地坚硬，温度在 50℃以上时慢慢变软，可按照油泥的操作方法进行塑形。精雕油泥的优点是软化后不沾手，对触感没有任何影响，表面易抹平。常温下冷却后其表面光滑而不变形，需要再次塑形的时候可以用吹风机将其吹热，即可慢慢软化。

图 2-21　油泥

四、石膏

石膏是一种适用范围较广泛的材料。该材料为白色粉状，加水干燥后成为固体，质地较轻而硬。模型制作者常用此材料塑造各种物体的造型。同时，还可以用模具灌制法，进行同一物件的多次制作。另外，在建筑模型制作中，石膏还可以与其他材料混合使用，通过喷涂着色，具有与其他材质同样的效果。石膏的缺点是干燥时间较长，加工制作过程中物件易破损。同时，因受材质自身的限制，物体表面略显粗糙。

五、腻子

腻子又称为填泥，是一种厚浆状涂料，直接涂施于物体上，用以填补被涂物表面上高低不平的缺陷。木材模型制作时，使用腻子可以填补局部有凹陷的工作表面，如钉眼。

六、不干胶纸

不干胶纸是应用非常广泛的一种装饰材料（图 2-22）。该材料品种、规格、色彩十分丰富，主要用于制作道路、水面、绿化及建筑主体的细部。此材料价格低廉，剪裁方便，单面覆胶，是一种表现力较强的建筑模型制作材料。植绒及时贴是一种表层为绒面的装饰材料。在园林模型制作中，主要是用绿色，一般用来制作大面积绿地。此材料单面覆胶，操作简便。

七、仿真草皮

仿真草皮是用于制作园林模型绿地的一种专用材料。该材料质感好，颜色逼真，使用简便，仿真程度高。

八、绿地粉

绿地粉主要用于山地绿化和树木的制作。该材料为粉末颗粒状，色彩种类较多，通过调色浸染可以制作多种绿化效果，是目前制作绿化环境经常使用的一种基本材料（图 2-23）。

图 2-22　不干胶纸（及时贴）

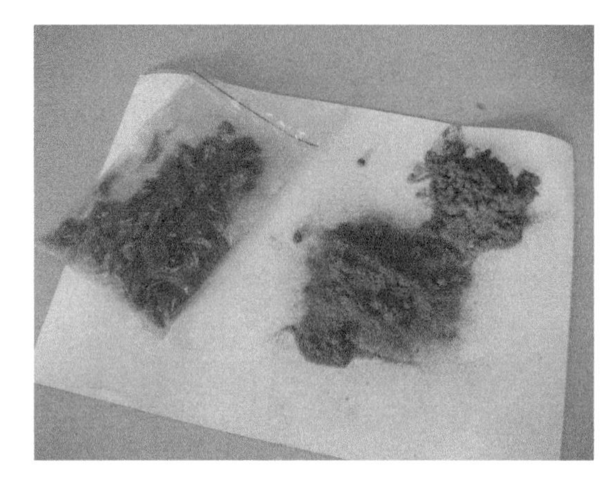

图 2-23　绿地粉

九、泡沫塑料

泡沫塑料主要用于绿化环境的制作。该材料是以塑料为原料，经过发泡工艺制成的。它具有不同的孔隙与膨松度，主要以小球形或颗粒状为原始材料，可根据具体用途染色后胶粘成形。此种材料可塑性强，经过特殊的处理和加工，可以制成各种仿真程度极高的绿化环境用的树木。泡沫塑料是一种使用范围广、价格低廉的制作绿化环境的基本材料。

十、型材

模型型材是将原材料初加工为具有各种造型、各种尺度的材料。现在市场上出售的建筑、园林模型型材种类较多，按其用途可分为基本型材和成品型材。基本型材主要包括：角棒、半圆棒、圆棒、屋瓦、墙纸，主要用于建筑模型主体如柱子、檩条、瓦屋面等构件部位的制作。成品型材主要包括：围栏、标志、汽车、路灯、人物、雕塑、仿真树木、仿真花卉等，主要用于园林环境模型配景的制作（图 2-24～图 2-29）。

图 2-24　仿真绿化和小品 1

图 2-25　仿真绿化和小品 2

图 2-26 仿真汽车、围墙、栏杆

图 2-27 仿真座椅和人物

图 2-28 仿真坐凳和人物

图 2-29 仿真花架和人物

十一、染料

染料能使园林模型的表面色彩变得丰富起来，赋予园林墙体、地面、植物等一定质感，达到仿真效果，增强作品的表现力、感染力。模型染料包括：水彩颜料、水粉颜料、国画颜料、油画颜料、丙烯颜料、广告色、油漆等，要根据模型设计来合理选择（图 2-30～图 2-32）。常用的 ABS 板、有机玻璃板模型，经常用喷漆来着色墙面、地面、屋顶或其他建筑构件；一些软质泡沫材料、海绵材料做坡地地形、假山或花和灌木时也用到水粉颜料、广告色来浸泡染色。模型制作者着色前要对颜料或油漆的性质状况、适用范围等有基本的了解和认识，以便在模型材质、色彩控制中得心应手，达到预期的效果。

图 2-30 喷漆

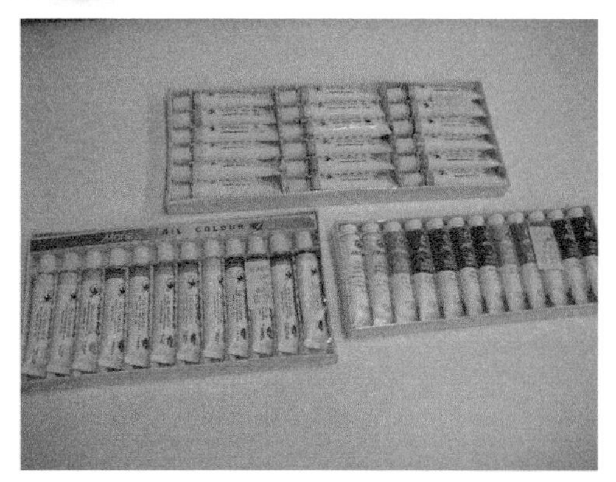
图 2-31　水彩、水粉、丙烯颜料

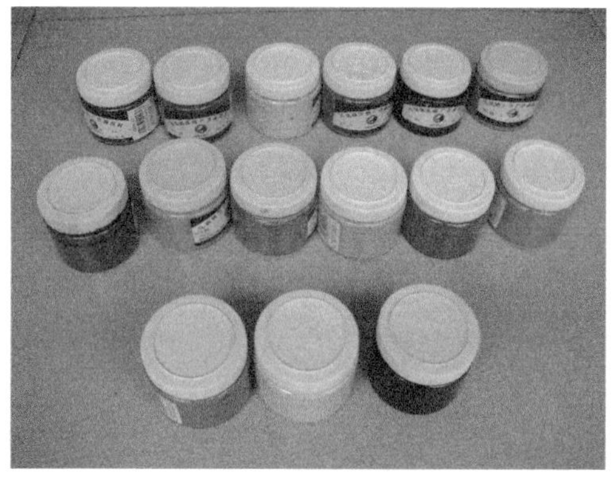
图 2-32　广告色颜料

十二、粘结剂

粘结剂在园林模型制作中占有很重要的地位，依靠粘结剂可以把多个点、线、面材连接起来，组成一个三维立体的模型。学习模型制作，首先要对粘结剂的性质状况、适用范围、强度等特性有深刻的了解和认识，以便在模型制作中合理地使用各类粘结剂。

（一）纸类粘结剂

1. 白乳胶（图 2-33）

白乳胶为白色粘稠液体。使用白乳胶进行粘结操作简便、干燥后无明显胶痕，粘结强度较高，干燥速度较慢，适用于粘结木材和各种纸板。

2. 胶水（图 2-34）

胶水为水质透明液体，适用于各类纸张的粘结，其特点与白乳胶相同，粘结强度略低于白乳胶。

图 2-33　白乳胶

图 2-34　胶水

3. 喷胶

喷胶为罐装无色透明胶体。该粘结剂适用范围广，粘结强度大，使用简便。在粘结时，只需轻轻按动喷嘴，罐内胶液即可均匀地喷到被粘结物表面，待数秒钟后，即可进行粘贴。该粘结剂特别适用较大面积的纸类粘结。

4. 双面胶带和单面胶带（图 2-35）

双面胶带和单面胶带为带状粘结材料。胶带宽度不等，胶体附着在带基上。该胶带适

用范围广，使用简便，粘结强度较高，主要用于纸类平面的粘结。

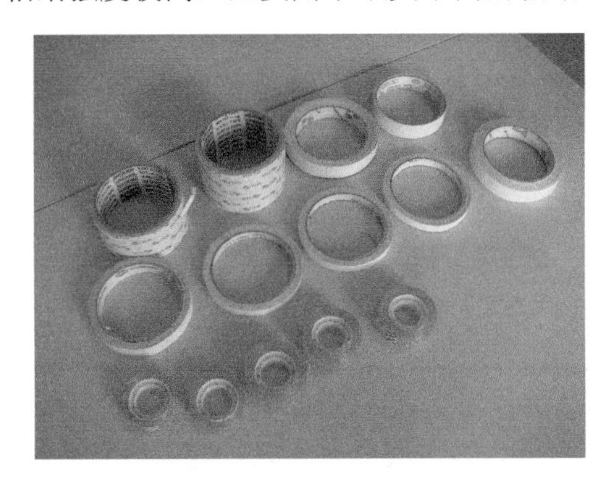

图 2-35　双面胶带和单面胶带

（二）塑料类粘结剂

1. 三氯甲烷

三氯甲烷（又称为氯仿）为无色透明液状溶剂，易挥发，有毒；其是粘结有机玻璃板、赛璐珞片、ABS 板的最佳粘结剂。

2. 丙酮

丙酮是一种无色透明液体，有特殊的辛辣气味，有毒；其作为重要的有机原料，是优良的有机溶剂。它也是粘结有机玻璃板、ABS 板的常用粘结剂。

三氯甲烷和丙酮在使用时应注意室内通风，同时应注意避光保存。

3. 502 粘结剂

502 粘结剂为无色透明液体，是一种瞬间强力粘结剂，其广泛用于多种塑料类材料的粘结。该粘结剂使用简便，干燥速度快，强度高，是一种理想的粘结剂。该粘结剂保存时应封好瓶口并放置于冰箱内保存，避免高温和氧化而影响胶液的粘结力。

4. 4115 建筑胶

4115 建筑胶为灰白色膏状体。它适用于多种材料粗糙粘结面的粘结，粘结强度高，干燥时间较长。

5. 热熔胶

热熔胶为乳白色棒状。该粘结剂是通过热熔枪加热，将胶棒熔解在粘结缝上，粘结速度快，无毒、无味，粘结强度较高。但本胶体的使用，必须通过专用工具来完成。

6. hart 粘结剂

hart 粘结剂又称为 U 胶，为无色透明液状粘稠体。该胶适用范围广泛，使用简便，干燥速度快，粘结强度高，粘结点无明显胶痕，易保存，是目前较为流行的一种粘结剂。

（三）木材类粘结剂

木材类粘结剂是将木材与木材或其他物体的表面胶结成一体的材料。胶粘剂按原料来源可分为天然胶粘剂和合成胶粘剂；模型制作方面通常采用合成胶粘剂。

合成胶粘剂有：热固性树脂，包括酚醛树脂胶、环氧树脂、氨基树脂胶等；热塑性树胶，包括聚醋酸乙烯、聚丙烯酸酯、醇酚醋、聚乙烯醇等；合成橡胶类，包括氯丁橡胶、丁腈橡胶等。

第三章　模型制作工具和主要下料方式

第一节　模型制作工具

一、测绘工具

丁字尺：画线、绘图、制作的工具，也能辅助切割（图 3-1）。

直尺：画线、绘图、测量、制作的必备工具，一般分为有机玻璃和不锈钢两种材质（图 3-2、图 3-3）。其常用的长度为 300mm、500mm。

三角板：绘制和测量平行线、垂直线、平面、角度的量具。常用三角板的规格为 300mm。

三棱比例尺：测量、换算比例尺度的主要工具（图 3-4）。另外，也可用于稍厚的弹性板材如泡沫板材的 60° 斜切割。

图 3-1　丁字尺和三角板

图 3-2　有机玻璃直尺

图 3-3　不锈钢直尺

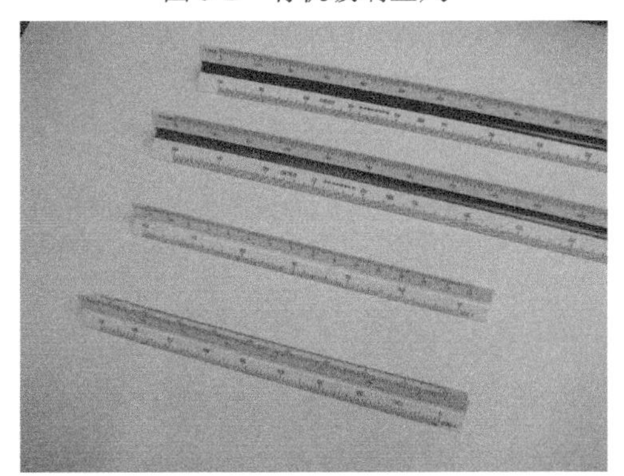

图 3-4　三棱比例尺

钢板角尺：又称为“弯尺”，尺身为不锈钢材质，是测量、切割 90° 角的专用工具。

卷尺：模型材料尺度较大时，2m、3m、5m 的钢卷尺是很好的测量工具（图 3-5）。其常用于测量较长的材料，携带很方便。若测量园林建筑实物或更大的场地长度时，可使用 10m、30m、50m 的皮卷尺。

圆规：测量、绘制圆弧的常用工具（图 3-6）。一般情况下，有一脚尖针、一脚铅芯的普通圆规，也有两脚尖针的分规。

游标卡尺：测量加工物件内外径尺寸的量具，其测量管材的精度高，一般有 150mm、300mm 两种量程。

模板：测量、绘制不同形状图案的工具。制作模型经常用到的模板有建筑多孔模板（图 3-7）、圆和椭圆模板（图 3-8）、云形曲线模板（图 3-9）等。

蛇尺：可以根据曲线的形状任意弯曲的测量、绘图工具（图 3-10）。其尺身长度有 300mm、600mm、900mm 三种规格。

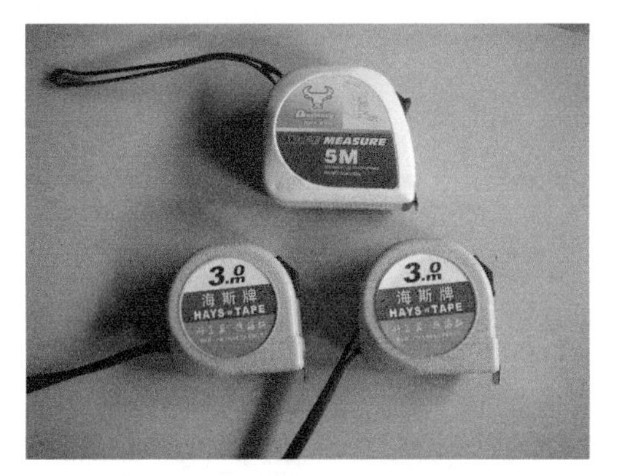

图 3-5　钢卷尺

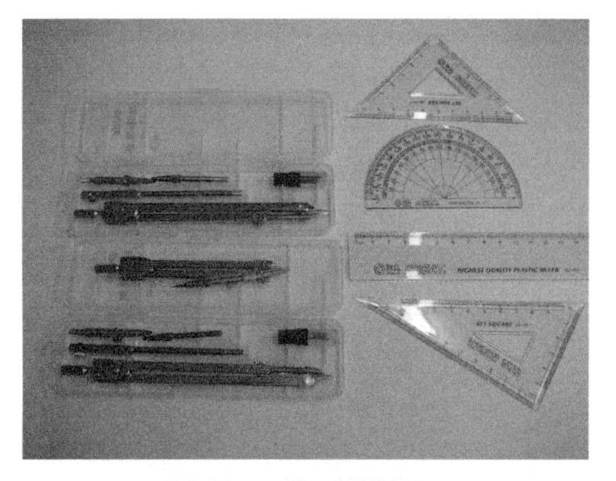

图 3-6　圆规和量角器

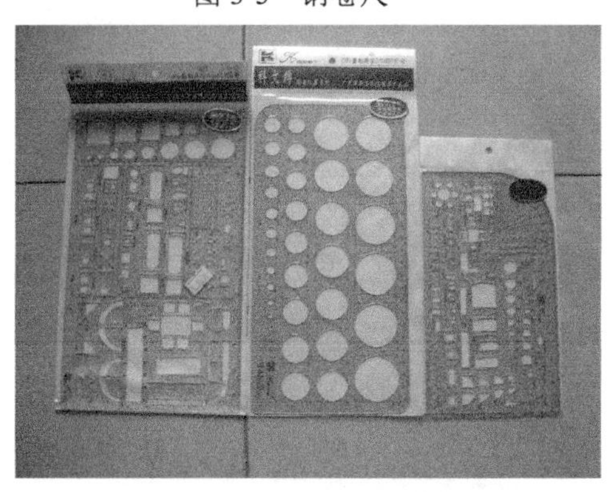

图 3-7　建筑多孔模板

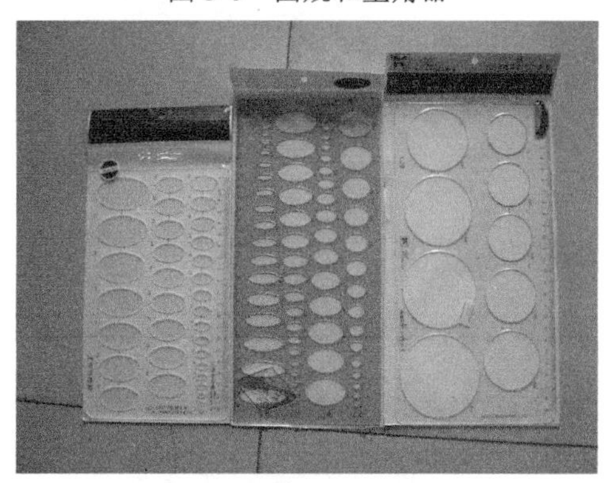

图 3-8　圆和椭圆模板

图 3-9　云形曲线模板

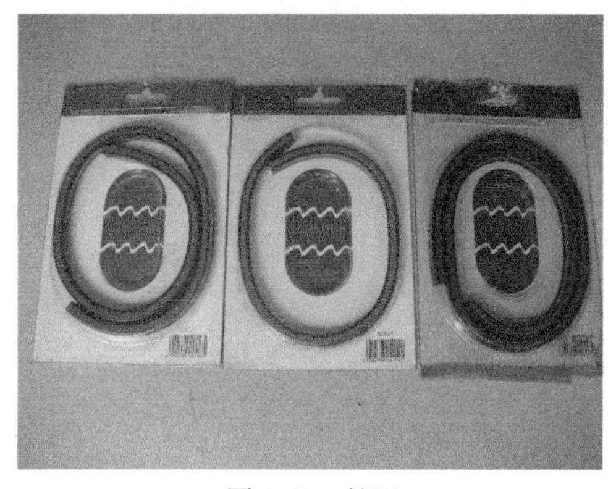

图 3-10　蛇尺

二、剪裁、切割工具

（一）剪裁工具

墙纸刀：又称为美工刀、推拉刀（图 3-11），可用来切割卡纸、吹塑纸、发泡塑料、各种装饰纸和各种薄型板材等，也可随时调整、改变刀刃的长度以适应不同质地材料的切割。

美工钩刀：刀头为尖钩状，是切割有机玻璃和各种塑料板材的专用工具（图 3-12）。

手术刀：刃口锋利，适用于切割薄型材料，如及时贴、卡纸、ABS 板、航模板等不同材质、不同厚度材料的切割和细部处理。

单双面刀片：刀刃锋利，适用于切割薄型材料。

剪刀：剪裁各种材料的必备工具（图 3-13）。

木刻刀：刻字或切割薄型塑料板材。

45° 切刀：切割纸类、聚苯乙烯类、ABS 板等材料。

切圆刀：专用于切割圆的工具。

剪钳：切割铁丝、铜丝等金属硬质材料的专用工具（图 3-14）。

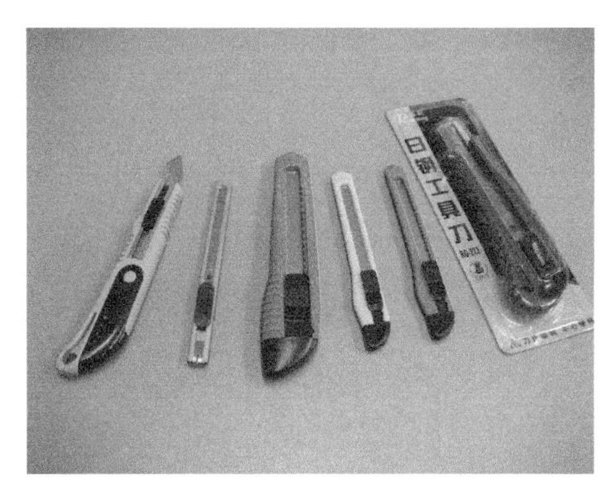

图 3-11　墙纸刀

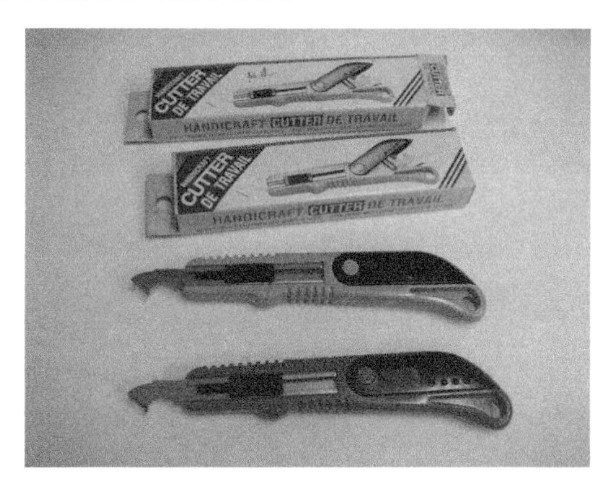

图 3-12　美工钩刀

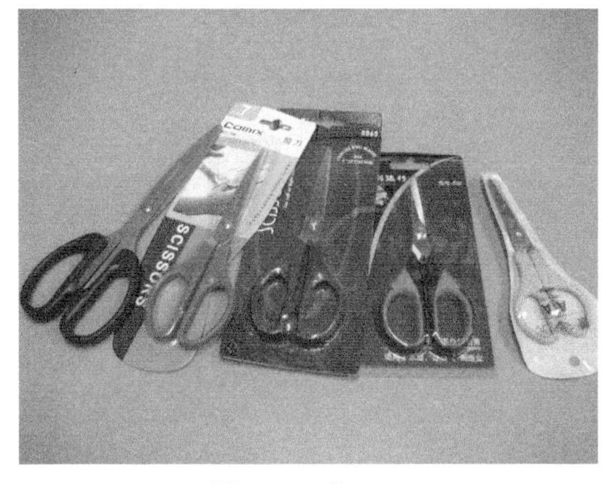

图 3-13　剪刀

图 3-14　剪钳

（二）切割工具

手锯：又称为刀锯，切割木质材料的专用工具（图 3-15）。手锯锯片长度和锯齿粗细

不一，可配置大中小锯齿把手锯来灵活使用。

钢锯：切割金属、木质和有弹性塑料板等材料，适用范围很广，使用方便（图 3-16）。

手工钢丝锯：切割木板、有机玻璃材料的工具，主要用于板材上挖洞、切割任意形状的下料。

电热丝切割机：主要用于聚苯乙烯类材料的加工（图 3-17、图 3-18）。它可以根据需要进行直线、曲线、圆等的切割，制作“草模”时对发泡塑料、吹塑纸和聚苯板等材料的切割非常便捷。

手持式圆盘电锯：锯割木质、塑料等材料，适合直线下料（图 3-19）。

手持式电动曲线锯：快速切割木板、有机玻璃材料，适合曲线下料（图 3-20）。

多功能电动圆盘切割机：大型板材、龙骨下料使用，也是模型底盘如木质板材下料制作时的常用工具（图 3-21）。

电脑雕刻机：与电脑联机，设置好雕刻路径，可以直接将园林建筑主体模型平、立面及部分的三维构件雕刻成形，将广场铺地等按图案样式浅雕成形（图 3-22）。

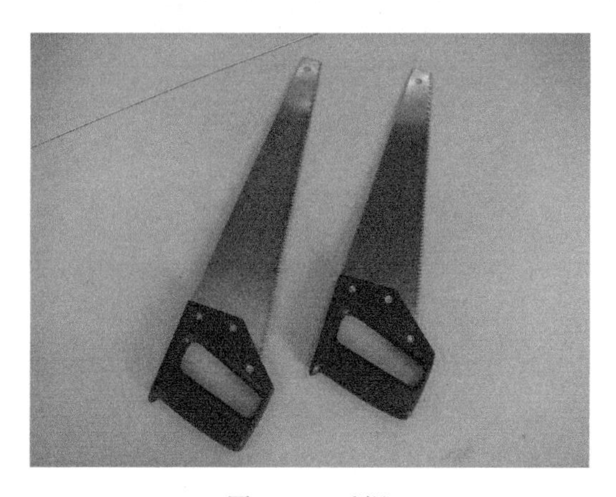

图 3-15　手锯

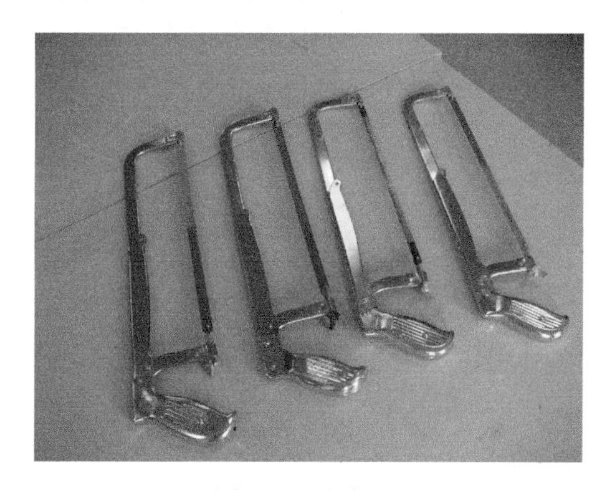

图 3-16　钢锯

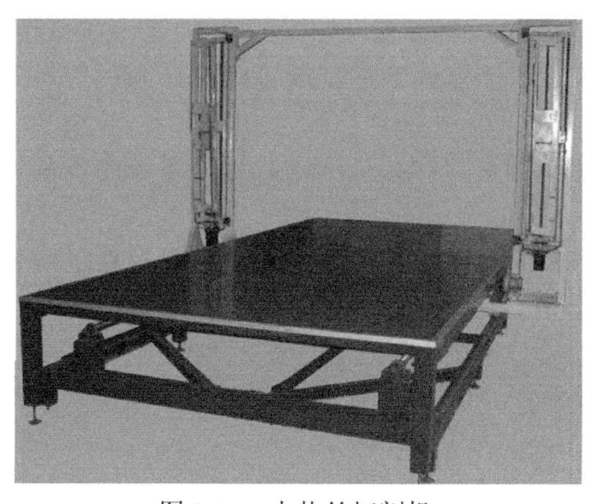

图 3-17　电热丝切割机 1

图 3-18　电热丝切割机 2

图 3-19　手持式圆盘电锯

图 3-20　手持式电动曲线锯

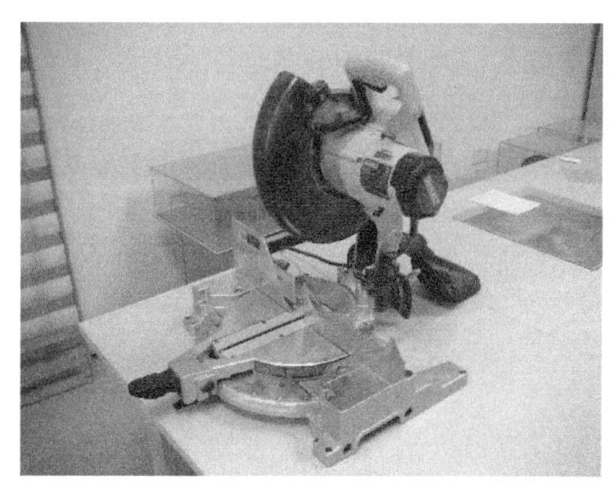

图 3-21　多功能电动圆盘切割机

图 3-22　电脑雕刻机

三、修整、打磨、钻孔工具

（一）修整、打磨工具

普通锉：可分为板锉、方锉、三角锉、半圆锉和圆锉等，用于木材、金属、有机玻璃等毛坯部件打磨和精细加工（图 3-23）。板锉主要用于平面和接口的打磨；三角锉主要用于内角的打磨；圆锉主要用于曲线和内圆的打磨。上述几种锉刀都应该配有粗、中、细三种规格。

整形锉：又称为什锦锉或组锉（图 3-24），常用于修整构件的细小部位。整形锉有每组 5 把、6 把、8 把、10 把、12 把等不同组合。

特种锉：可分为刀口锉、菱形锉、扁三角锉、椭圆锉和圆肚锉等几种，是锉削构件特殊表面用的工具。

木工刨：主要用于木质材料和塑料类材料平面和直线的切削、打磨。它可以通过调整刨刃露出的大小，改变切削和打磨量。

手持式电刨：主要用于木质板材的打磨（图 3-25），操作时需要计算和调制刨平的深度。

手持式电动打磨机：主要用于木质材料、塑料类、金属类材料的打磨，操作起来灵活便捷（图 3-26）。

小型台式砂轮机：主要用于多种材料的打磨。该砂轮机体积小、噪声小、转速快并可无级变速，加工精度较高，是一种较为理想的电动打磨工具。

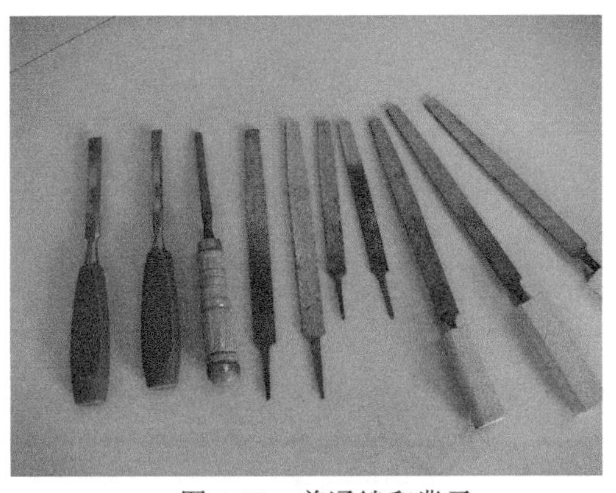

图 3-23　普通锉和凿子

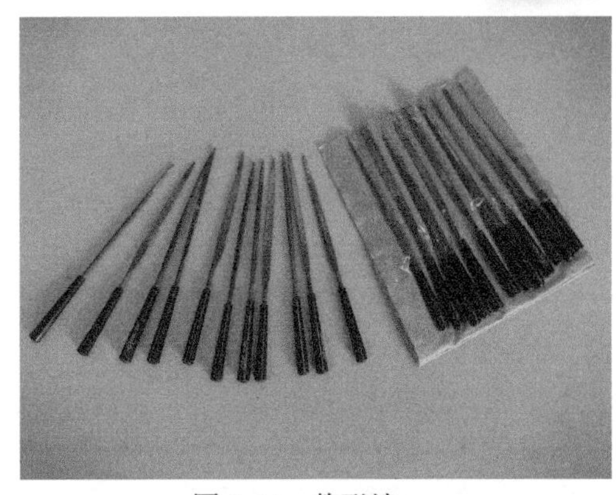

图 3-24　整形锉

图 3-25　手持式电刨

图 3-26　手持式电动打磨机

（二）钻孔工具

手持式电钻（图 3-27）是最常用的钻孔工具，钻针有多种孔径大小的规格。园林模型制作中，一般需要配置一套 0.5～12mm 的钻针进行常规开孔操作。手摇钻属于传统工具，在脆性材料上钻孔比较适用。各式钻床，包括台式钻床、立式钻床（图 3-28）和摇臂钻床等，多用于金属材料加工。

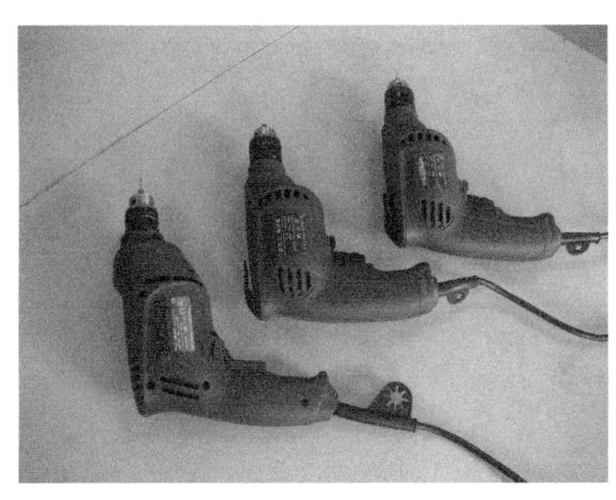

图 3-27　手持式电钻

图 3-28　立式钻床

四、其他辅助工具

钢丝钳：用于弯折金属板、切丝和夹持较小的构件，携带方便，操作灵活，可以配置大、中、小规格以及尖嘴钳等（图 3-29）。

手锤：击打用的工具，可以配置大、中、小规格以及拔钉子用的羊角锤等（图 3-30）。

镊子：制作细小构件时进行辅助操作。

螺钉旋具：用于螺钉的固定或拆卸，是实木模型杆件和其他五金材料连接、固定的常用工具（图 3-31）。

电烙铁：用于焊接金属构件，或对小面积的塑料板材进行加热弯曲。在园林模型制作中，一般配备 35W 内热式及 75W 外热式电烙铁各一把。在用泡沫烧制假山造型时，电烙铁的用处很大，操作非常灵活。

电吹风机：用于塑料板材的焊接加工或某些湿作业的烘干。

射钉枪：射钉枪（图 3-32）需要和气泵（图 3-33）结合起来使用，常用于木材模型底盘的制作；尤其是大型园林景观模型，要设置照明电线或其他水景给排水管线，射钉枪是固定一些板材的便捷工具。

电热恒温干燥烘箱：用于有机玻璃和其他塑料板材的加热弯曲成形。烘箱的温度可以在 150～300℃之间设定。

另外，其他辅助工具还包括：打磨用的砂纸，清洁用的板刷、毛刷（图 3-34），着色染色用的毛笔、水粉笔（图 3-35）、油画笔、彩笔（图 3-36），绘图用的铅笔、墨线笔、鸭嘴笔、橡皮等。

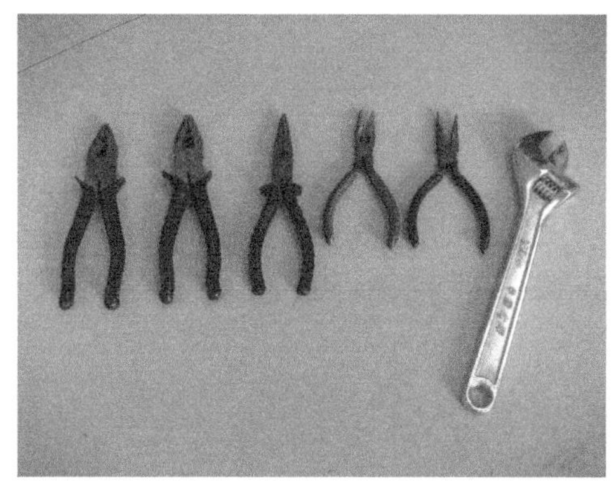

图 3-29　钢丝钳和扳手

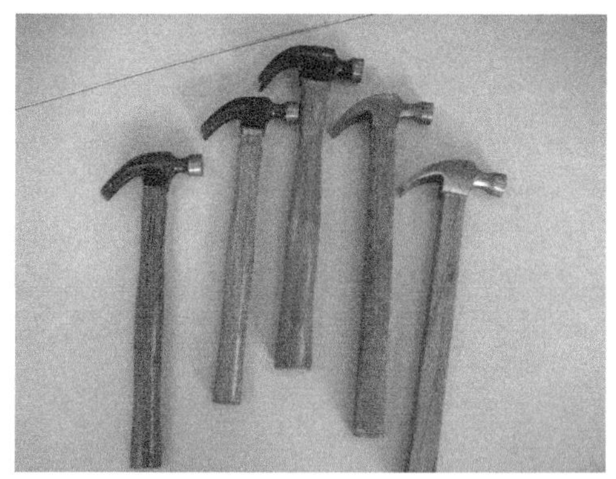

图 3-30　手锤

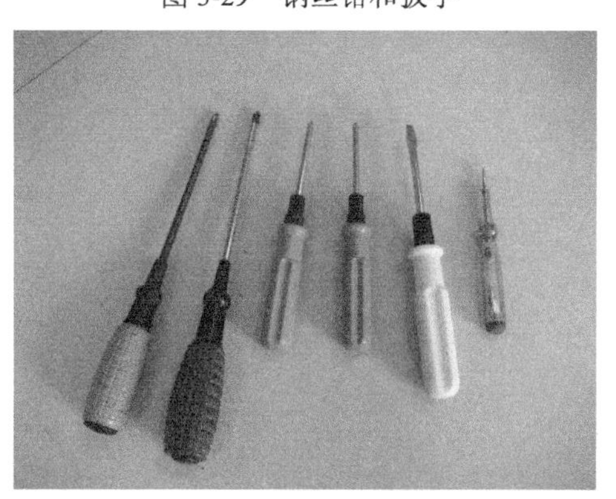

图 3-31　螺钉旋具

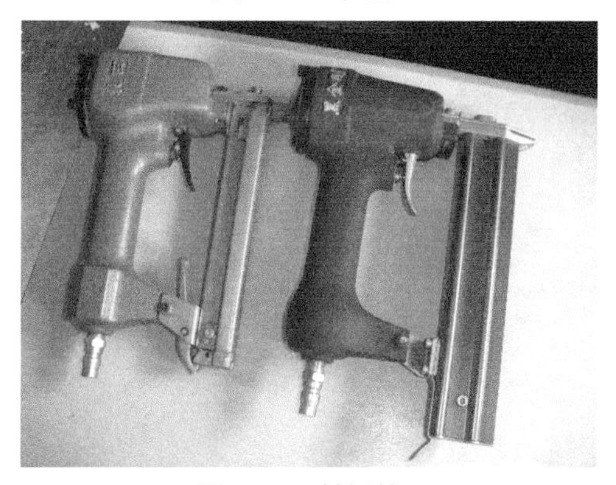

图 3-32　射钉枪

图 3-33 气泵

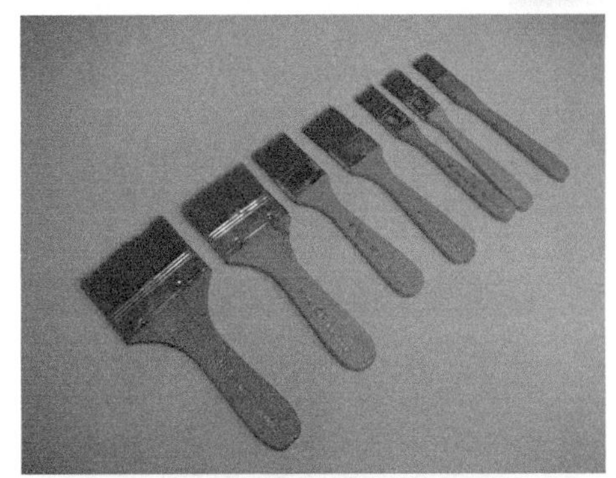

图 3-34 毛刷

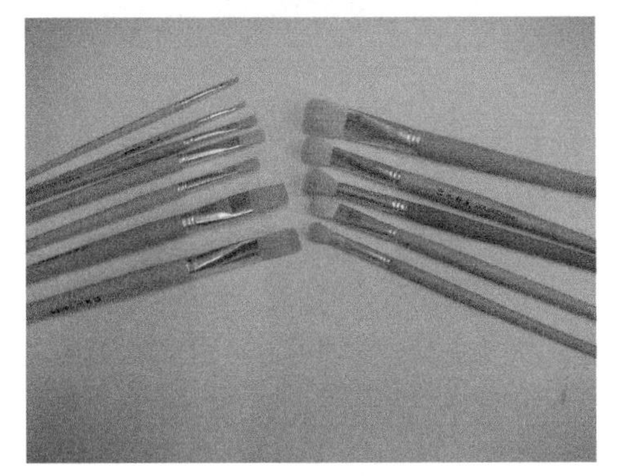

图 3-35 水粉笔

图 3-36 彩笔

第二节 主要下料方式

一、手工工具切割材料

（一）用刀切割薄板材料

美工钩刀是切割有机玻璃板、ABS 工程塑料板和较薄的木皮、木胶合板的主要工具。美工钩刀的使用方法是在材料上画好线，用尺子护住要留下材料的一侧，左手扶住尺子，右手握住钩刀的把柄，用刀尖轻刻切割线的起点，然后力度适中地用刀尖往后拉，反复几次，切断或折断为止（图 3-37、图 3-38）。每次钩的深度为 0.3mm 左右。墙纸刀则是切割泡沫、KT 板、卡纸板以及塑料薄膜的得力工具（图 3-39、图 3-40）。

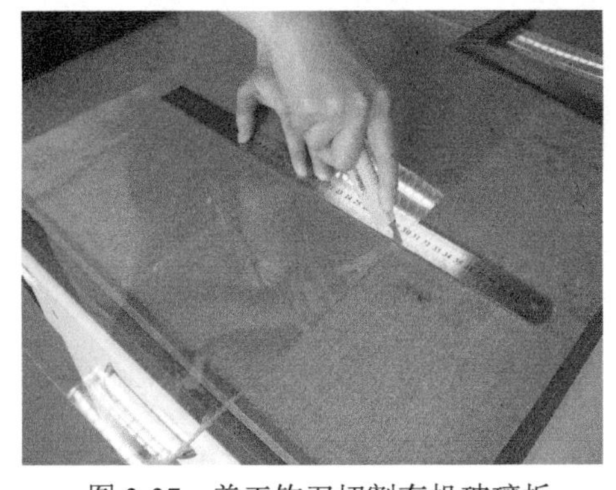

图 3-37 美工钩刀切割有机玻璃板

图 3-38 美工钩刀切割木胶合板

图 3-39　墙纸刀切割 KT 板

图 3-40　墙纸刀切割塑料薄膜

（二）用刀片切割薄型材料

手术刀和双面刀片，刃薄而锋利，是切割一些要求切工精细的薄型材料（如各种装饰纸等）的好工具。但操作双面刀片时一定要全神贯注，小心翼翼，以免被极薄易滑动的双面刀片划伤手指。单面刀片使用时相对安全、灵活，也是切割精细薄型材料的常用工具。

（三）用手锯切割板材

手锯切割板材或龙骨要有一定的操作技术。钢锯配有金属架，适用于锯铜、铁、铝、薄木板及塑料板材等，也是切割小型木龙骨构件时经常使用的手动工具。钢锯使用前要在锯割的材料上画线。钢锯锯材时要注意，起锯的好坏，直接影响锯口的质量。为了使锯口平整和准确，握锯柄的手指应当挤住锯条的侧面，使锯条保持在正确的位置上，然后起锯。施加压力要轻，往返行程要短，这样就容易准确地起锯。锯割的方向是斜上下，拉动手锯过程中必须眼睛时刻瞄准锯条和板材切割线的吻合度，手眼配合，用力均匀，根据锯条走线情况及时调整力度和方向（图 3-41、图 3-42）。快锯断材料时，用力应轻，以免碰伤手臂。

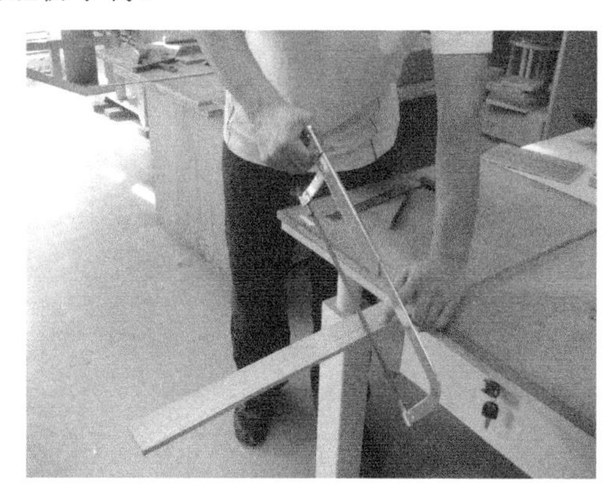

图 3-41　手锯切割木板

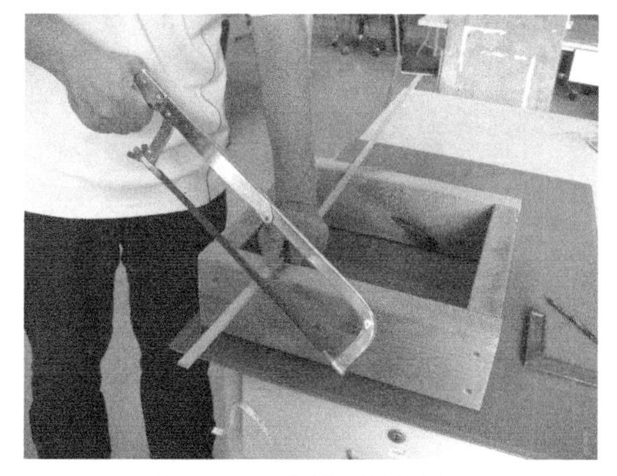

图 3-42　手锯切割木线

二、电锯类工具切割材料

（一）用电热丝锯切割较厚的软质材料

电热丝锯一般用来切割聚苯泡沫塑料、吹塑或弯折塑料板等。它由电源变压器、电热丝、电热丝支架、台板、刻度尺等组成。切割时打开电源，指示灯亮，电热丝发热，将欲切割的材料靠近电热丝并向前推进，材料即被迅速割开。使用可以调温的控制电钮，通过电压或温度的控制来操作不同厚度、不同质地泡沫的切割。切割时，手眼要高度配合，推进过程要匀速，否则很难取得比较光滑的切割面。电热丝锯特别适用于泡沫板切割体块模型的操作，适用于草图模型的快速制作，在设计初期阶段推敲总体规划方案或建筑体块组合时非常实用（图 3-43）。

图 3-43　电热丝切割机切割泡沫块料

（二）用电锯切割较厚的硬质材料

模型制作常用的电锯主要是电动圆片齿轮锯和电动曲线锯，适用于切割较厚的硬质材料，如实木板材、龙骨以及复合板材等。

电动圆片齿轮锯包括手持式电动圆锯和固定式电动圆锯。手持式电动圆锯功率相对较小，单手可以自由按动电钮灵活控制操作。锯切木板时既可以走线操作，又可以靠板或靠尺操作，适合锯切直线路径时下料（图 3-44）。固定式电动圆锯（又称为台锯），有时需要自制，常把功率较大的电动圆锯放在台面下，锯齿垂直外露在台面上，再在台面下部合适位置配置电动开关。其适用于大型板材下料或多个杆件、龙骨同时切割。这种自制的台锯属于直线下料，由于这种工具下料操作中还伴有飞扬的锯末，因此在工作前，要穿好工作服，检查要锯切的板材上是否有钉子类的金属东西，避免损害锯齿。在切割时，注意安全操作，手指不能离齿锯太近，最好自制辅助工具推送材料。

多功能电动圆盘切割机也是目前市场上常用的工具（图 3-45）。它可以锯切铝合金、木材等，是板材、木线下料时的得力助手。

图 3-44　手持式电动圆锯切割木板

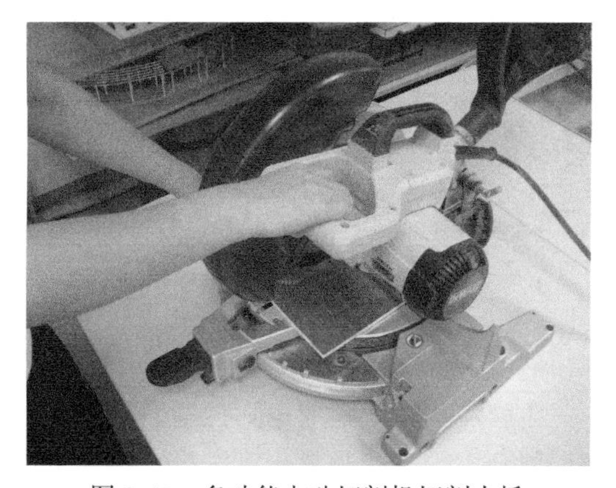

图 3-45　多功能电动切割机切割木板

电动曲线锯适用于手持曲线下料的操作（图 3-46、图 3-47）。预先画好圆、弧线或自由曲线，将锯条放在起始位置处单手按动开关后向前推动，手眼要配合，走线要均匀。如何保证精确度和光滑度是该工具的操作要点，需要反复操作体验来完成基本功训练。有时起始点在板材中间，还需要用电钻先打眼，能把锯条从上插入，完成准备动作后再锯切曲线。

万能摇臂锯（图 3-48）体形较大，适用于切割大型龙骨、板材，尤其是大比例的或接

近建筑实物尺度的木结构建筑工作任务。

（三）用电动出榫机下料

一些大比例的木质模型有时需要做榫卯连接。出榫机一般由几对电圆锯组合而成，分别承担上下、左右卡位的锯切（图 3-49）。其操作难点在于固定木龙骨和尺寸定位，通过刻度尺的精确计算和调试，将钢碟片之间距离调节到榫头的尺寸，检查完上下、左右距离后再按动开关，匀速推动台面上被切割的木龙骨，完成出榫操作。为了避免正式材料的浪费，可以先拿多余小料或废料来尝试操作，待检查完模拟试验的榫头的精确度后，再调试碟片误差距离，固定好正料来操作。出榫机只能完成榫头的切割，如需钻取卯眼，还要靠开卯电钻来完成。

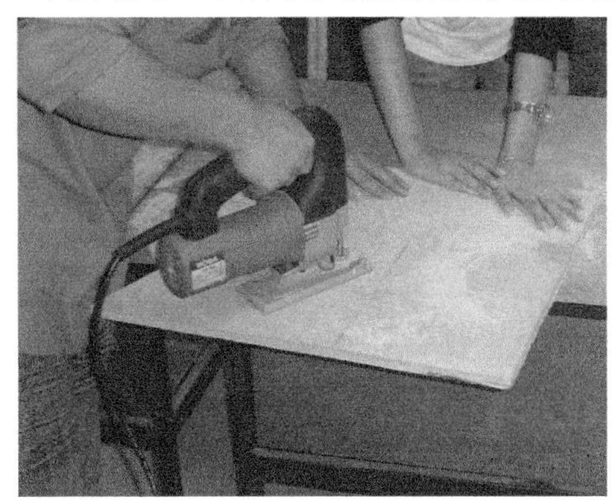

图 3-46　电动曲线锯切割弧线形木板

图 3-47　电动曲线锯木板上切割圆洞

图 3-48　万能摇臂锯切割木板

图 3-49　电动出榫机木龙骨下料

三、电脑雕刻机下料

电脑雕刻机就是用电脑控制的雕刻机，也可称为电脑数控雕刻机。电脑雕刻机由计算机、雕刻机控制器和雕刻机主机三部分组成。其工作原理是：通过计算机内配置的专用雕刻软件进行设计和排版，并由计算机把设计与排版的信息自动传送至雕刻机控制器中，再由控制器把这些信息转化成能驱动步进电机或伺服电机的带有功率的信号（脉冲串），控制雕刻机主机生成 X、Y、Z 三轴的雕刻走刀路径。同时，雕刻机上的高速旋转雕刻头，通过按加工材质配置的刀具，对固定于主机工作台上的加工材料进行切削，即可雕刻出在计算机中设计的各种平面或立体的浮雕图形及文字，实现雕刻自动化作业。

电脑雕刻机的基本操作流程是：首先把需要雕刻的图案在设计软件里完成设计，输出

路径文件；再把路径文件导入雕刻机控制软件，然后控制雕刻机雕刻板材（ABS 板、木材、密度板、金属板材等）。现在市场上电脑雕刻机种类颇多，占市场主流的电脑雕刻机包括木工雕刻机、广告雕刻机、石材雕刻机、圆柱雕刻机等。这几种机器控制系统一样，区别在硬件配置上，广告雕刻机对机器配置要求较低，石材雕刻机对机器配置要求较高。

电脑雕刻机操作使用的难点主要有两方面，一是如何将虚拟的电脑三维模型按平面展开绘制出 CAD 平面图、立面图，然后通过专用雕刻软件输出路径文件；二是将该模型数据输送到电脑雕刻机上，如何按雕刻路径、参数等设定雕刻程序、雕刻过程。然后，再将大小相宜的塑料板材或木板材平整地用双面胶条粘贴于工作台面上，起动雕刻机，就可以自动将模型的各个细节部分雕刻或切割出来（图 3-50、图 3-51）。

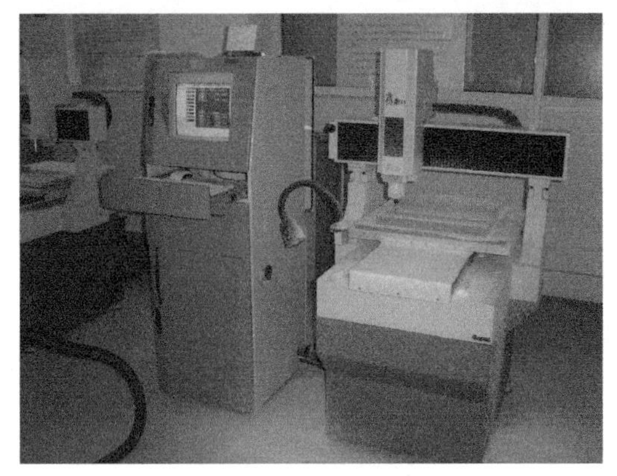

图 3-50　常规型号电脑雕刻机下料

图 3-51　大型电脑雕刻机下料

第四章　园林模型总体设计

园林模型总体设计是指园林规划设计完成后，依据园林模型制作的内在规律及工艺过程所进行的模型制作的总体策划和设计。园林模型总体设计的内容包括：园林模型项目分析、方案图样（包括下料图样）绘制、材料选择、制作工艺选择以及制作成本费用概算等几个环节。其中，园林模型方案图样绘制是基础，模型材料的合理选择和制作工艺的准确把握是关键，而制作模型投入的总成本费用在当今日益专业化、成熟化的模型产业市场中是不容忽视的重要因素，它对模型总体展示效果起着重要的保障作用。

第一节　项 目 分 析

园林模型项目有着多种功能用途，要根据项目来源、背景、制作资金投入以及综合展示效果等进行项目的合理定位。

一、自选项目

自选项目有两种，一种是有助于园林设计、构思推敲的辅助模型（简称“草模”）制作；另一种是依据园林建筑图样或实测数据来制作的园林展示模型。

对于辅助模型的制作，用材以聚苯乙烯泡沫板、卡纸类为主，便于上手操作，锻炼基本制作技能。对于展示模型的制作，特别是用到有机玻璃板、ABS 板或实木板材时要对模型制作工具、制作工艺、制作方法和制作人员的操作能力等进行比较分析，除了考虑材料成本之外，还必须对制作方法的难易程度、耗费工时以及制作人员技术等进行认真选择、合理分工。自选项目前期策划和分析是十分必要的，以避免后续阶段的随意性、无序性操作带来的效率低、废品多、效果差的不良后果。只有这样，才能按进度计划和操作流程循序渐进地完成预定目标任务，以达到模型制作所要求的效果和水准。

二、委托项目

委托项目包括：园林景观公司、建筑开发单位或其他使用单位、个人业主委托学校、专业老师的园林模型制作业务。一般有园林工程建成前的设计审定和建成后的模型展示、收藏等委托制作业务，如果园林属于建成多年的或保护好的古建筑园林，则即使在没有园林图样的情况下，园林模型的设计制作者也可以通过现场测量、拍摄园林建筑工程或参阅园林建筑物图片的方法来绘制平面图和立面图。至于园林植物景观，可以到实地对乔、灌木进行照片拍摄、数量统计或面积计算，通过距离测算或估算画出园林植物的平面配置图。

对于委托项目，模型制作效果要求都较高，因此需成立专题模型小组。制作人员先要分析模型用途、总体创意、展示效果要求等，然后制定总体计划，包括材料选择、工艺选择、工时工期控制、成本预算等主要内容。对于古建筑园林模型制作，制作人员还需进行

古建筑图片资料收集、实景测绘资料整理等工作，并且认真分析项目的难点和要点，根据操作难易程度、技术水平等进行合理分工。一套完整的项目任务分析是后续环节有章可循的指导书，全部制作人员要做到集体协作，从而保证模型制作的预定工期和技术要求。

三、合作项目

合作项目，可以是与公园、景区管理处合作，为公园进行实景测绘后制作的宣传模型项目，为地产公司前期策划制作的总体规划概念模型，也可以是与专业模型公司合作完成的展示模型项目。社会上的专业模型公司，承接的项目多，项目分析透彻，与市场紧密结合，制作的多是标准要求高的展示模型（图 4-1～图 4-4），园林、景观建筑数量多，设计新颖，制作精良。

图 4-1　滨海景观规划设计展示模型

图 4-2　街头绿地规划设计展示模型

图 4-3　住区水景环境展示模型

图 4-4　住区花园泳池景观展示模型

第二节　图 样 准 备

园林模型的总体构思要依赖于模型图样的设计。园林模型图样的类型很多：既有正规的 CAD 电子版文件图，如园林建筑工程、景观工程的方案图或施工图，也有尺规绘制的平面图、立面图、剖面图，还有设计师方案构思型的徒手概念草图（如铅笔或墨线徒手草

图）；既有规划设计的方案图样，也有实景实物测绘图样。园林模型图样不管是详细的、复杂的，还是粗放的、简单的，最终都要转化为模型的下料图来实现体块的分解、立面的展开以及各大小构件的独立放线切割等。

园林模型下料图的绘制（图 4-5、图 4-6），实质上是解读园林规划、园林建筑工程以及具体细部节点大样的过程。

图 4-5　模型板材上画下料图

图 4-6　模型木线上画切割线

第三节　模 型 设 计

园林模型设计包括对模型“比例、形体、材料、色彩”等要素的构思分析、材料选择和制作工艺流程设计，有时还要借助电脑进行三维立体效果的模拟演示。

一、比例确定

模型的比例要根据园林模型的使用目的及占地面积来确定。比如，模型重点要展示的是园林单体建筑及少量的群体组合建筑，应选择较大的比例，如 1:50、1:100、1:200 等；大量的园林群体建筑组合和公园、旅游景区等区域性景观规划，应选择较小的比例，如 1:500、1:1000、1:2000 等。

二、形体分析

真实园林景物缩小后在模型外观上展示出来的重点会发生转移，特别是园林建筑部分，如小尺度亭台楼阁的栏杆、座椅可能微缩成为示意性的构件，而大面积的屋顶，如江南园林灰瓦屋顶会呈现出坡屋顶优美的曲线和典雅的灰色调。为此，园林大环境中的建筑模型，如观景亭、休息廊等要以塑造形体为重点，重点展示出四角、六角攒尖顶或双坡顶、歇山顶等独特的建筑形体美。环境绿化在模型外观上展示出来的往往是要看总体的绿化效果和色彩，而不限于几株乔木、灌木或几丛花卉的形体，事实上绿化配景模型，人们更关注总体的植物占地比例、绿量大小和四季色彩配置的环境效果。如楼盘花园模型（图 4-7～图 4-10），人们更看重小区中心花园绿地、组团绿地、宅间绿地大小、广场活动用地大小和总体环境的舒适度，若建筑容积率太高、楼间距偏小、绿地面积覆盖率偏小，即使树木配景模型制作得再漂亮也会让人们感觉到绿化的拥挤、局促和美中

不足。园林环境模型的总体外观，一定要把握大的形体关系，既要处理好园林建筑选址、体量、形体的关系，又要协调好绿化配景与建筑的关系，二者是相辅相成的关系，有时以园林建筑为中心，周围绿景衬托；有时以大面积绿化为主，适当以小型园林建筑小品来点缀空间环境。

图 4-7　住区花园绿化和水景模型

图 4-8　住区小游园环境模型

图 4-9　住宅绿化环境模型

图 4-10　住宅入户小院环境模型

三、材料选择

在制作大型景观工程或园林建筑模型之前要选择好相应的材料。应根据园林建筑、景观工程的特点，选择那些能够仿真的材料。要求模型材料既能在色彩、质感、肌理等方面表现现实中园林建筑的真实感和整体感，又能具备加工方便、便于艺术处理的品质。至于园林植物材料，树木一般用铜丝、铁丝、海绵、塑料泡沫染色制作，草坪用草地粉或成品草粉纸制作。

四、色彩效果设计

色彩与表面处理是园林建筑模型制作的重要内容之一。模型色彩要在模拟真实建筑的基础上注意视觉艺术的运用，尽可能应用色彩构成、组合的原理，把握色彩的对比与协调的总体效果（图 4-11）。园林建筑展示模型的外观色彩和质感效果，通常都需要进行外表的涂饰处理。如制作江南园林传统建筑模型时，暗红色或栗皮色的木结构梁柱、檩条、门

窗框料等需要进行涂饰或喷漆，尽可能体现出江南经典园林建筑的色彩与神韵。

当今制作园林建筑模型，尤其是专业模型公司，常用的是ABS板下料后再进行涂饰，为此在园林模型制作中，也应适当掌握一般的涂饰材料和涂饰工艺知识，了解和熟悉多种喷漆涂饰材料及喷涂工艺所产生的效果。

图4-11　体现江南传统灰白色调的居住区院落环境模型

五、制作流程设计

园林模型制作离不开基本的流程设计，包括制作流程、制作工艺、外观包装等环节的总体设计。其中制作流程可以按具体项目规划为“图样准备、电脑下料、手工拼装、底盘制作、植物配置、环境小品配置、灯光效果”等实操环节。园林模型涉及内容较多，大中型园林模型的制作，讲究工作小组的分工协作，将工作任务分解为“底盘制作、园林建筑、园林植物、硬地铺装、水景制作、环境小品”等工作小组，最后完成模型的整体组装和后期配景装饰。不管采用何种流程设计，都要按技术难度、工作经验或技术熟练程度把握具体环节的工时分配，争取达到比较合理的流程设计。

六、模拟演示

借助现代电脑的高科技手段，应用三维建模软件（如3DMAX、SKETCHUP等软件）来进行模型制作效果的模拟演示，可以比较全面直观地观看到园林虚拟场景的理想效果，同时也有助于分析模型制作过程中涉及到的一些具体细节问题，如结构形式、构造连接、门窗洞口样式、植物配置效果等。通过电脑模拟演示，制作者做到心中有数，制作起来便可有条不紊，循序渐进，从而提高制作效率和作品质量。

第五章　园林模型制作流程

科学合理的制作流程是提高模型制作速度和效率的关键所在，简便、适用、精巧的工艺技法是提高模型精确度和外观审美的重要保障。当今国内专业的建筑模型、景观模型公司依据市场项目需求、行业标准和技术人员配置情况等特点一般都编制了不同类别模型的制作流程，服务于全过程的技术把关和人员管理。

第一节　手工模型制作流程

从当前模型市场的发展趋势来看，一般手工制作的园林模型，适合于构思模型（草模）和要求不太高的展示模型的制作。在对园林规划设计、园林建筑工程设计图样解读后，模型制作者经过分析讨论，对模型的总体构思和大概的外观效果也应该心中有数，接下来就是如何按部就班地进行手工下料，连接、拼装和组合模型了。

一、按模型比例绘制下料图

依据设计图样或参考资料，借助尺规等工具按比例绘制出园林建筑模型的下料图，如平面图和立面展开图等。按制图规范要求在辅助图样上画线或在模型材料上直接画线，完成主要构件、复杂构件、次要构件的下料图绘制。

二、材料排版

材料排版有几种模式：第一种是将预先准备好的等比例的模型图样粘贴在将要切割的板材上，然后直接把图样和板材一起切割；第二种是在打印出来的图样和板材之间夹一张复印纸，然后用双面胶条固定好图样与板材的四角，用转印笔描出各个面板材的切割线，然后按转印线切割板材；第三种是在已经选好的板材上直接画线留下笔迹，按笔迹切割板材（图 5-1）。

图 5-1　模型下料图绘制和排版

需要注意的是图样在板材上的排料位置要计算好，一方面要按大小拼凑规律排版来节省板料，另一方面还可利用出厂的合格材料的直边和直角，直接作为将要下料的边角，以节省画线笔墨。如泡沫板工作模型，可以采用第一种模式，将草图粘贴在泡沫板上用电热丝切割机按线条切割；而 5mm 厚的 KT 板（泡沫板）工作模型，则可采用第二种模式在 KT 板光滑面上直接画线排版后用墙纸刀切割。

三、材料切割

卡纸、泡沫板、KT 板等软质板材可以用墙纸刀、手术刀、刀片等依靠直尺、曲线板等工具直接按线切割，一次下刀完成；有机玻璃板的手工下料，可用直尺和美工钩刀进行划刻，当几次下刀钩划到三分之二的深度时，将材料的切割缝对准工作台边掰断。

木板的切割，往往要借助手锯、电锯，但小于 5mm 的实木薄板、胶合板等，则也可依靠直尺用美工钩刀划刻，划透为止，不要留下毛边。

四、材料初加工

制作有机玻璃板、ABS 板、实木板园林建筑模型时，有些部位，如门窗等需要镂空工艺处理。可先在相应的部件上用钻头钻好若干个小孔，然后穿入钢锯丝，锯出所需的形状。若用手持电动锯，先要把锯条插入小孔，锯割时需要留出修整加工的余量。

五、部件精加工

已经切割好的材料部件，根据大小和形状选择相宜的砂纸、锉刀进行修整和打磨。外形相同或镂空花纹相同的部件，可以把若干块夹在一起，同时进行精细的修整打磨加工，以保证构件的整齐划一。若大型实木板建筑模型，还要借助手工刨、电刨、电动打磨机等进行加工。

六、拼装组合成形

将所有切割好的地面、立面、屋顶平面以及柱子、栏杆等构件修整完毕后，对照图样进行粘结，组装成形（图 5-2～图 5-4）。

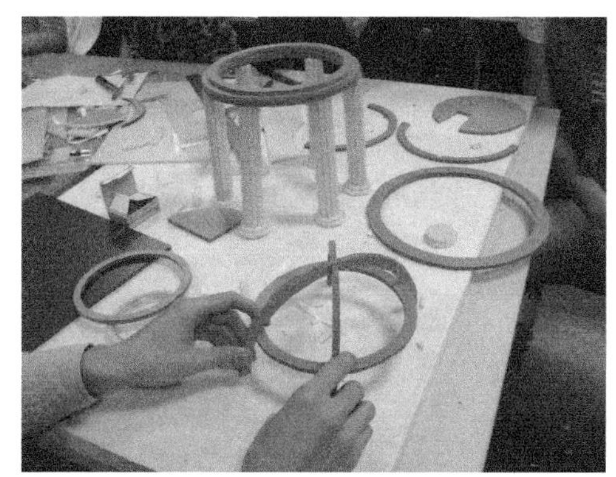

图 5-2　材料切割和构件组装

图 5-3　模型底盘制作

图 5-4　模型组装成形

七、绿化和其他配景制作

园林模型中绿化、地面铺装、水景以及其他园林小品和配景的工作量都比较大，有时也很琐碎，涉及很多景观细节问题，需要对照图样仔细完成。这些直接关系到园林植物的配置效果和环境小品的审美效果，丝毫不能轻视，否则会因小失大。

八、底盘制作

园林模型的底盘制作，实际上与主体建筑模型可以同时分工制作。在总平面图样设计完成后，制作人员就可依据园林模型的总体构思要求，选择材料进行制作。若是大型的展示模型需要配置声、光电等特殊效果，则底盘还需要进行架空层结构支撑设计和照明线路设计。

第二节　电脑雕刻模型制作流程

电脑雕刻机作为当前普遍使用的先进设备，与电脑联机，将 CAD 电子绘图文件转化为下料图文件，通过雕刻路径的设置，可以将园林建筑主体模型立面及部分的三维构件直接雕刻成形，大大提高了复杂图形下料的精确度和速度。有机玻璃板、ABS 板、航模板、薄型实木板等都可以通过电脑雕刻机下料。

电脑雕刻机模型制作流程与手工模型制作流程相比，主要是在下料阶段的区别。值得指出的是，电脑雕刻机对制作人员的操作技术有非常严格的要求，这不同于纯手工制作。电脑雕刻机价格较贵，刀头需要精心保护和定期更换，操作过程中有时还会遇到机械故障问题。

一、电脑雕刻机下料

电脑雕刻机下料的技术要点是：

1）了解电脑雕刻机的原理和主要部件的连接操控技术。

2）了解操作流程，懂得电脑雕刻机的基本故障分析与排除方法。

3）懂得直接用专用软件绘制下料图的步骤和方法。

4）懂得如何将普通的 CAD 建筑图样转化为电脑工控机能识别的下料图的方法和操作技术。

5）懂得雕刻路径的设置参数和操作技术。

6）懂得模拟下料过程的监视环节和细节判断，能够及时修改和矫正参数，为真实下料做准备。

7）在真实下料过程中实施全过程监视，遇到问题或故障能够及时终止或排除困难后再延续下一步操作。

电脑雕刻机下料的技术难点是：电脑雕刻机的故障分析与排除。下面将电脑雕刻机的常见故障进行简要分析，并列举一些排除方法

（一）报警故障

超程报警，表示机器在运行过程中已达到极限位置，可按以下几个步骤检查：

1）所设计的图形尺寸是否超出加工范围。

2）检查机器电机轴与丝杠连接线是否松动，若松动，则上紧螺钉。

3）机器与计算机是否正确接地。

4）当前坐标值是否超出软限位数值范围。

（二）超程报警和解除

超程时所有运动轴均被自动设置在点动状态，要一直按住手动方向键，机器离开极限位置（脱离超程点开关）随时恢复连接运动状态。移动工作台时注意移动的方向必须远离极限位置；极限位报警需在坐标设置中将 X、Y、Z 清零。

（三）非报警故障

1）重复加工精度不够，检查机器电机轴与丝杠连接线是否松动，若松动，则上紧螺钉。

2）电脑运行、机器不动或机器在回机械原点时找不到信号，检查电脑控制卡与电器箱连接头是否松动，若发现松动则应插紧，并上紧固定螺钉。

（四）输出故障

1）不输出，检查计算机和控制箱是否连接好。

2）打开雕刻管理器的设置里空间是否已满，删除管理器内不用的文件。

3）信号线接线是否松动，仔细检查各线路是否连接。

（五）雕刻故障

1）各部位的螺钉是否松动。

2）检查处理路径是否正确。

3）文件是否太大而导致计算机处理错误。

4）增减主轴转速，以适应不同的材料（转速一般为 8000～24000 转/min）。

5）拧松刀夹头，将刀转换方向夹紧，把刀放正，以免雕刻物体不光洁。

6）检查刀具是否有损，换新刀，重新雕刻。

二、构件上色

电脑雕刻机下料后，有的构件可以直接使用，而一些有特殊色彩要求的构件还需要按设计要求进行涂饰或喷漆。构件喷漆的工具包括小型喷漆桶、气泵和喷枪。喷漆对环境有污染，不好清理和保洁，喷漆时最好辟出一块场地作“烤漆房”，由专门培训人员负责做此工作。

三、材料的组合、拼装

电脑雕刻机下料后，仍有个别附件材料需要按手工下料的步骤和方法进行操作，其操作流程不再赘述。下料后续工作包括：材料初加工、部件精加工、手工拼装组合、绿化和其他配景制作、底盘制作、标识牌制作、防尘玻璃罩制作安装等（图 5-5～图 5-8）。

图 5-5　园林建筑构件组装

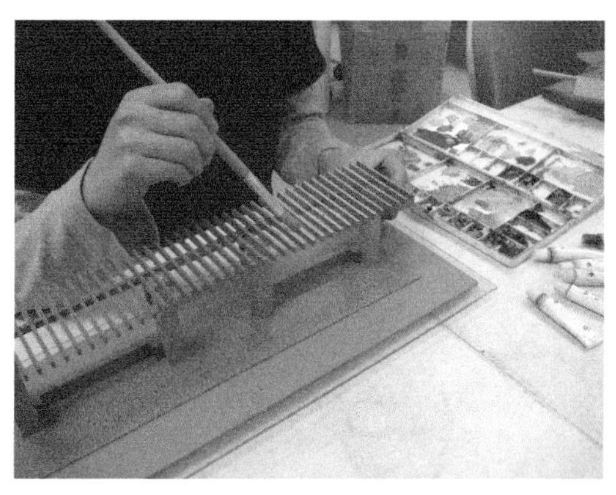

图 5-6　建筑构件着色修饰

图 5-7　园林建筑底座安装

图 5-8　建筑完成后的绿化布置

第六章　园林模型制作技法

园林模型的制作是一个利用工具改变材料形态，通过粘结、组合产生出新的物质形态的操作过程。这一过程包含着基本步骤和基本技法，只要掌握了最简单、最基本的要领与方法，即使制作造型复杂的园林建筑、园林环境模型时，也可以举一反三，触类旁通。

第一节　园林建筑制作技法

一、泡沫板体块模型制作

聚苯乙烯材料俗称泡沫，用它来制作园林建筑体块模型是一种简便易行的制作方法。泡沫模型基本上为“素模”（单色的模型），主要用于建筑构成模型和景区建筑规划方案模型的制作。其基本制作步骤为画线、切割、粘结、组合，切割工具采用电热切割器及推拉刀。

1. 电热丝切割器的检查、调试和切割

用直角尺测量电热丝是否与切割器工作台垂直，然后通电并根据所要切割的体块大小，用电压来调整电热丝的热度（电压越高热度越大）。一般电热丝的热度调整到使切割缝隙越小越好，这样才能控制被切割物体平面的光洁度与精度。

为了保证切割面平整，泡沫板在切割时要保持匀速推进，中途不要停顿，否则影响表面的平整。为了保证体块尺寸的准确度，画线与切割时，要把电热丝的热溶量计算在内。在切割方形体块时，一般是先将材料毛坯切割出 90° 直角的两个标准平面，然后利用这两个标准平面，通过横纵位移进行各种方形体块的切割。在切割异形体块时，要特别注意两手间的相互配合。一般一只手用于定位，另一只手推进切割物体运行，全神贯注，手眼精准配合，这样才能保证被切割物切面光洁、线条流畅。

2. 刀具切割体块

用刀类（推拉刀或刻刀）切割小体块时，一定要注意刀片要与切割工作台面保持垂直，刀刃与被切割泡沫板平面成 45° 角，这样切割才能保证被切割面的平整光洁。

3. 粘结、组装方法

在粘结时，常用乳胶做粘结剂。当几层泡沫板涂抹乳胶粘结在一起时，要在最上层顶端加一些重物，均匀施力，以保证粘结的结实严密（图 6-1）。由于乳胶干燥较慢，所以在粘结一些小型构件的过程中，还需用大头针进行扦插，辅以定形（图 6-2）。待通风干燥后进行适当修整，尽量使表面完整无痕迹。

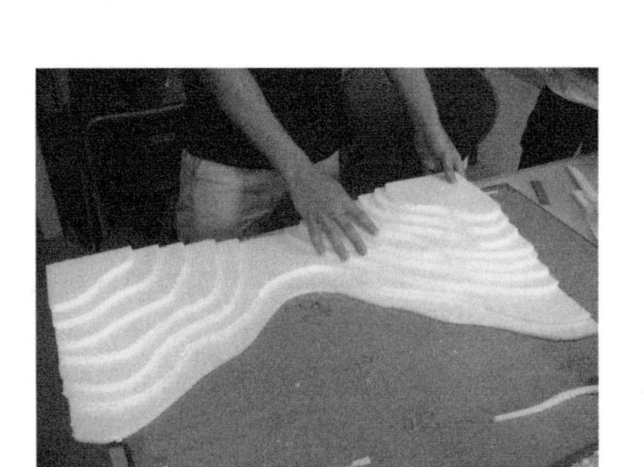

图 6-1　泡沫制作地形

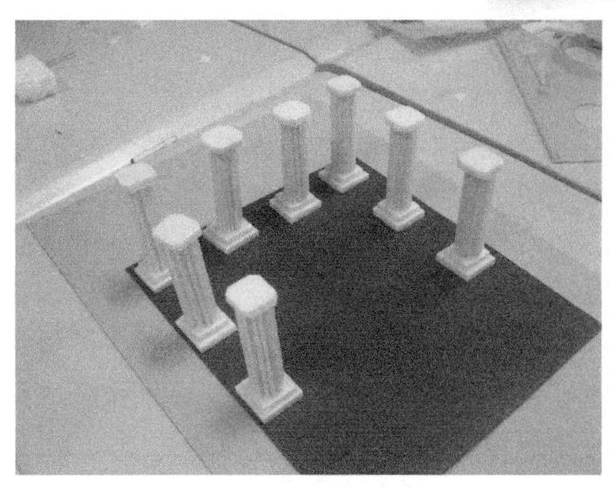

图 6-2　泡沫制作景观柱

二、KT 板模型制作

KT 板是一种轻型的装饰板，实质上是两面贴有光滑纸张的泡沫板，一般用作展板或作为临时搭建物的隔板，常用颜色有红、白、黄、绿、灰、蓝、黑。通常情况下，用墙纸刀等简单工具就可切割 KT 板，用双面胶、单面透明胶、乳胶等进行粘结，可以非常快速便捷地制作园林建筑主体模型，如亭廊花架模型等（图 6-3～图 6-6）。

图 6-3　KT 板制作建筑墙体

图 6-4　KT 板制作园廊构件

图 6-5　KT 板制作旋转楼梯

图 6-6　KT 板制作钢板楼梯

三、纸板模型制作

纸板模型分为薄纸板和厚纸板两大类。利用纸板手工制作园林建筑模型也是最简便且

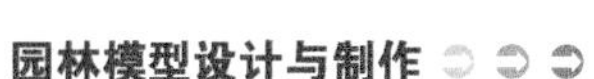

较为理想的方法之一。

1. 薄纸板模型制作基本技法

用薄纸板制作的园林建筑模型，主要用于工作模型和方案模型。基本工艺流程可分为画线、剪裁、折叠和粘结等步骤。一般此类模型所用的纸板厚度在 0.5mm 以下。

制作材料选定后，可以在纸板上进行画线，也可以把建筑设计的平、立面图直接裱于制作板材上，待充分干燥后，便可进行剪裁。剪裁后，可以按照建筑的构成关系，通过折叠进行粘结组合。折叠时，面与面的折角处要用手术刀将折线划裂，以便在折叠时保持折线的挺直。在粘结时，要根据具体情况选择和使用粘结剂。通过彩笔的描绘或色彩的喷涂也可使形体的表层产生不同的质感。

2. 厚纸板模型制作基本技法

厚纸板厚度在 1mm 以上，用厚纸板制作建筑模型主要用于小型创意类模型的制作。基本工艺流程可分为选材、画线、切割、粘结等步骤。现今常用的厚纸板多是单面带色板，色彩种类较多。这种纸板给模型制作带来了极大的方便。我们可以根据模型制作要求选择不同色彩及肌理的纸板材料。

制作材料选定后，依据图样进行各墙体、柱梁等构件的分解。先要把建筑物的平、立面分解成若干个面，并把这些色彩质感有差异的面分别画于不同的纸板上。画线时，要注意尺寸的准确性，尽量减少制作过程中的累计误差。

具体绘制图形的方法是：首先在板材上找出一个直角边，然后利用这个直角边，通过位移来绘制需要制作的各个面。这样绘制图形既准确快捷，又能保证组合时面与面、边与边的水平与垂直。

进行厚纸板切割是一项难度比较大的工序。切割时，要在被切割物下边垫上塑胶切割垫或衬板以保护工作台面，同时切割台面要保持平整，防止在切割时跑刀。切割顺序一般是由上至下、由左到右。切割力度要由轻到重，逐步加力。在切割立面开窗时，要把握各个窗口直线排列的纵横对位关系，力求使立面的开窗效果整齐划一。

园林建筑各构件整体切割完成后，需要进行粘结处理，常采用白乳胶作为粘结剂。一般粘结有三种形式：面对面、边对面、边对边。粘结时，要随时观察边线、边面的相互关系，注意被粘结面的平整度，确保粘结缝隙的严密。在粘结过程中，可以利用吹风机烘烤，提高干燥速度。另外，在粘结程序上，应注意先制作建筑物的主体部分，后粘结其他部分如踏步、阳台、围栏、雨篷、廊柱等。

全部制作程序完成后，还要对模型作最后的修整，即清除表层污物及胶痕，对破损的纸面添补色彩等，同时还要根据图样进行各方面的核定。

四、木质模型制作

使用木质材料（一般指航模板）通过手工和机器的结合制作园林建筑模型，需要掌握一些基本制作技法。它一般是利用木材自身所具有的纹理、质感来表现建筑模型，其质朴、自然的视觉效果是其他材料所不能比拟的。尤其是对于古建筑、历史名胜风景区、传统民居等木结构建筑模型的制作，其外观效果更为突出。木质模型基本制作工艺流程可分为选材、材料拼接、画线、切割、打磨、粘结、组装等步骤。

1. 选材

在选择木材时，要选择木材纹理清晰、疏密一致、色彩相同、厚度规范的板材作为制

作的基本材料。选择薄板材时，要选择木质密度大、强度高的板材作为制作的基本材料。

2. 画线

一方面可以在选定的板材上直接画线，另一方面可以利用设计图样装裱来替代手工绘制图形。无论采用何种方法绘制图形，都要考虑木板材纹理的搭配，确保模型制作的整体效果。

3. 切割

在进行木板材切割时，较厚的板材一般用电锯进行切割，薄板材一般用钩刀进行切割。刀刃越薄、越锋利，切割时刀口处板材受挤压的力越小，越会减少板材的劈裂现象。用刀具切割时，第一刀用力要适当，先把表层组织切开，然后逐渐加力分多次行刀切断材料。

4. 打磨

园林建筑模型各组件切割完成后，按制作木模型的程序，应对所有部件进行打磨。打磨是组合成形前的最重要环节，在打磨时，一般选用细砂纸来进行。打磨大面时，应将砂纸裹在一个方木块上进行打磨。打磨小面时，可将若干个小面背后贴好定位胶带，分别贴于工作台面，组成一个大面打磨，这样可以避免因打磨方法不正确而引起的平面变形。若用整形锉打磨，还要反复校核、比对尺寸，尽可能精准而减小缝隙。

5. 组装

在组装粘结时，一般选用白乳胶或 hart 粘结剂。该类粘结剂胶液粘稠度大，不会渗入到木质内部，从而保证粘结缝隙整洁美观。根据制作需要，在不影响其外观的情况下，还可以使用木钉、螺钉进行组装。组装完毕后，还要对成形的整体外观进行修整（图 6-7～图 6-10）。

图 6-7　民居院落木质模型

图 6-8　公园游廊木质模型

图 6-9　欧式建筑细部大样木质模型

图 6-10　欧式园廊细部大样木质模型

五、有机玻璃板和 ABS 板模型制作

有机玻璃板和 ABS 板都属于有机高分子合成塑料，是强度高、韧性好、可塑强的模型制作材料，主要适用于制作展示模型（图 6-11～图 6-14）。该类材料模型制作的工艺流程可分为选材、画线放样、切割、打磨、粘结和组合、上色等步骤。

图 6-11　别墅绿化环境模型

图 6-12　园亭与水环境模型

图 6-13　住宅室内环境模型图

图 6-14　幼儿园绿化环境模型

1. 选材

选择制作园林模型板材的厚度，有机玻璃板一般为 1～5mm，ABS 板一般为 0.5～5mm。在挑选板材时，要观看规格和质量标准。另外，选材时还应注意板材在储运过程中，其表面是否受到过不同程度的损伤。

2. 画线放样

画线放样即根据设计图样和加工制作要求将园林建筑的平、立面分解并移置在制作板材上。在有机玻璃板和 ABS 板上画线放样有两种方法：其一是利用图样粘贴替代手工绘制图形，其二是测量画线放样，即按照设计图样在板材上重新绘制制作图形。

使用电脑雕刻机，借助 CAD 软件和专用雕刻软件，可以免去手工绘图放样的复杂性，而达到高精准的放线。同时，电脑雕刻路径设置好后，也可以通过走刀模拟雕刻（虚拟雕刻）检查雕刻路径和参数设置的准确度。

3. 切割

放样完毕后，分别对建筑的各个立面展开面进行加工制作。其加工制作的步骤，一般是先进行墙线部分的制作，其次进行开窗部分的制作，最后进行平立面的切割。

钩刀是常用切割工具。在用钩刀进行墙线勾勒时，一方面要注意走线的准确性，另一方面要注意下刀力度的均匀性，勾线深浅要一致。

开窗部位的加工制作方法应视其材料而定。若制作材料是 ABS 板且厚度在 0.5～1mm 时，一般用推拉刀或手术刀直接切割即可成形。若制作材料是有机玻璃板或板材厚度在 1mm 以上的 ABS 板时，一般用曲线锯进行加工制作。具体操作方法是：先用电钻在有机玻璃板将要挖掉的部位钻一个小孔，将锯条穿进孔内，上好锯条便可以按线进行切割。待所有开窗部位切割完毕后，还要用锉刀进行统一修整。

门窗洞口修整后便可以进行各个墙面的最后切割，即把多余部分切掉，使其成为图样所表现的墙面形状。

4. 打磨

待切割程序全部完成后，要对切割的各组件边部进行打磨，以求得边角部位的平直面后方能使用。此外，还要用酒精将各组件上的残留线清洗干净，若表面清洗后还有痕迹，还可用砂纸打磨。

5. 粘结和组合

有机玻璃板和 ABS 板的粘结和组合，一般是按照由下而上、由内向外的程序进行。一般选用 502 胶和三氯甲烷作粘结剂。

初次粘结有机玻璃板或 ABS 板时，不要一次将粘结剂灌入接缝中，应先采用“点粘”的方式进行定位。定位后要进行观察，一方面要看接缝是否严密、完好，另一方要看被粘结面与其他构件间的关系是否准确，必要时可用量具进行测量。在认定接缝无误后，再用胶液灌入接缝，完成粘结。

使用三氯甲烷做粘结材料时，除了使用毛笔，有时也要使用注射器来控制液体用量和对准细小缝隙处。粘结时，若一次使用太多量的三氯甲烷，极易把接缝处板材溶解成粘糊状，干燥后引起接缝处变形。使用 502 胶做粘结材料时，应注意粘结后不要马上打磨、喷色，因为 502 胶不可能在较短的时间内完全挥发，若马上打磨、喷色，很容易引起粘结处未完全挥发的成分与喷漆产生化学反应，使接缝产生凹凸不平感，影响其效果。

当模型粘结成形后，还要对整体进行一次打磨。打磨重点是接缝处及建筑物檐口等部位。这里应该注意的是，此次打磨应在胶液充分干燥后进行。一般情况下，使用 502 胶进行粘结时，需干燥 1 小时以上；使用三氯甲烷进行粘结时，需干燥 2 小时以上，才能进行打磨。打磨一般分二遍进行：第一遍采用锉刀打磨，在打磨缝口时最常用的是中小细度板锉，均匀用力，以保证所打磨的缝口平直。第二遍打磨可用细砂纸进行，主要是将第一遍打磨后的锉痕打磨平整，从而保证打磨面的平整度、光滑度。

6. 上色

上色是有机玻璃板、ABS 板制作园林建筑模型主体的后期工序。一般此类材料的上色都用涂料来完成。目前，市场上出售的涂料品种很多，有调和漆、磁漆、喷漆和自喷涂料等。自喷涂料是目前模型制作上色的首选，其具有覆盖力强，操作简便，干燥速度快，色彩感觉好等优点。

喷漆时，要注意被喷物与喷漆罐的角度和距离。一般被喷物与喷漆罐的夹角在 30°～50° 之间，喷色距离在 300mm 左右为宜。具体操作时应采取少量多次喷漆的原则，每次喷漆间隔时间一般为 2～4min。雨季或气温较低时，应适当地延长间隔时间。在进行大面积喷漆时，每次喷漆的顺序应交叉进行，即第一遍由上至下，第二遍由左至右，第三遍再由上至下依次转换，直至达到理想的效果。由于目前市场上出售的颜色品种还比较有限，从而给自喷漆的使用带来了局限性。如果进行上色时，在自喷漆中选择不到合适的颜色，便可用磁漆或调和漆来替代。

第二节　园林绿化和配景制作技法

一、绿化制作

在以园林环境为主要表现对象的模型中，除亭、廊、花架、小卖店、小型活动室、洗手间等建筑以及部分广场道路硬地铺装之外，大部分面积属于绿化范畴。绿化形式有多种多样，包括树木、树篱、草坪、花坛等，各自的表现形式也不尽相同。就其绿化的总体而言，既要形成一种统一的风格，又不要破坏与大型建筑主体（如住宅、别墅、会所等建筑）间的关系。

用于园林模型绿化的材料品种很多，常用的有植绒纸、及时贴、大孔泡沫、绿地粉等。目前，市场上还可以从专业厂家买到各种成形的绿化材料，如塑料制作的特别写真的乔、灌木等，很多模型公司直接购买不同比例的绿树模型成品，在园林配景时方便采用。

下面介绍几种常用的绿化形式和制作方法。

1. 平面绿地

绿地在整个盘面所占的比重是相当大的。在选择大面积绿地颜色时，一般选用深色调，即深绿、土绿或橄榄绿较为适宜。因为，选择深色调的色彩显得较为稳重，而且还可以衬托建筑主体，加强与树木枝干、树叶、花卉等细部间的对比。倘若环境模型选择了大面积浅色调绿地，就应通过其他绿化配景来调整色彩的稳定性，否则将会造成整体色彩的漂浮感。

色彩及材料选定后，就可以按如下步骤进行制作：

1）按图样的形状剪裁绿地。如果选用植绒纸做绿地时，一定要注意材料的方向性，避免因铺贴方向的不同而导致绿地在阳光照射下呈现出深浅不同的效果。待全部绿地剪裁好后，便可按其具体部位进行粘贴。

2）粘贴剪裁好的绿地。选用仿真草皮或纸类作绿地进行粘贴时，要注意粘结剂的选择。如果是向木质或纸类的底盘上粘贴，可选用白乳胶或喷胶。如果是向有机玻璃板底盘上粘贴，则选用喷胶或双面胶带。

3）喷漆着色。用喷漆直接对模型地面进行大面积绿地喷色的操作较为复杂。选择自喷漆后，要按绿地具体形状，用遮挡膜对不作喷漆的部分进行遮挡。选择遮挡膜时，要注意选择弱胶类，以防喷漆后揭膜时，破坏其他部分的漆面。另一种方法是，先用厚度为 0.5mm 以下的 PVC 板或 ABS 板，按绿地的形状进行剪裁，然后再进行喷漆。待全部喷完干燥后进行粘贴。此种方法适宜大比例模型绿地的制作。因为这种制作方法可以造成绿地与路面的高度差，从而更形象、逼真地反映环境效果（图 6-15、图 6-16）。

图 6-15 住区花园中心绿地模型

图 6-16 住区花园临街绿地模型

2. 坡地绿地

坡地，除了缓坡地形之外也包括高差坡度大的山地。坡地绿化与平地绿化的制作方法不同。平地绿化是运用绿化材料一次剪贴完成的。而坡地绿化，则是通过多层制作而形成的。

坡地绿化的基本材料常用自喷漆、绿地粉、胶液等，具体制作方法是：

1）先将泡沫（泡沫板）堆砌的山地或石膏粉、白水泥浆塑造的坡地造型进行修整，修整后用废纸将底盘上不需要做绿化的部分，进行遮挡并清除粉末。

2）用绿色自喷漆做底层喷色处理。底层绿色自喷漆最好选用深绿色或橄榄绿色。喷色时要注意均匀度。待第一遍漆喷完后，及时对造型部分的明显裂痕和不足进行再次修整，修整后再进行喷漆。

3）待底漆完全干燥后进行表层制作。表层制作的方法是先将胶液（胶水或白乳胶）均匀涂抹在喷漆层上，然后将调制好的绿地粉均匀地撒在上面。铺撒绿地粉时可以根据山的高低及朝向做些色彩的变化；绿地粉铺撒完后可进行轻轻的挤压。干燥后，将多余的粉末清除，对缺陷再稍加修整，即可完成山地绿化的制作（图 6-17、图 6-18）。

图 6-17 坡地绿化模型 1

图 6-18 坡地绿化模型 2

3. 树木

制作以园林建筑为主景的大比例模型时，树木的配置可以高度概括和抽象。而制作以绿化环境为主景的模型时，树的模型可以追求写实、逼真。

（1）用泡沫塑料制作树的方法 制作树木用的泡沫塑料一般分为两种：一种是常见的细孔泡沫塑料（俗称海绵），这种泡沫塑料密度较大，孔隙较小。另一种是大孔泡沫塑料，这种泡沫塑料密度较小，孔隙较大，是制作树木的一种较好材料。两种材料在制作树木的表现方法上有所不同，一般可分为抽象和具象两种表现方式。

1）树木的抽象表现方法。它是指通过高度概括和比例尺的变化而形成的一种表现形式（图 6-19）。制作小比例尺（1:300 以下）树木时，常把树木的形状概括为球状与锥状，从而区分阔叶与针叶的树种。制作阔叶球状树时，常选用大孔泡沫塑料。首先将泡沫塑料按其树冠的直径剪成若干个小方块，然后修其棱角，使其成为球状体，然后再进行着色。有时为了强调树的高度感，还可以在树球下加上树干。制作针叶锥状树时，常选用细孔泡沫塑料。细孔泡沫塑料孔隙小，其质感接近于针叶树。制作时，一般先把泡沫塑料进行着色处理，绿色要重色调，然后用剪刀剪成锥状体即可。

2）树木的具象表现方法。在制作 1:300 以上大比例的模型树木时，应该随着比例尺以及模型深度的改变而改变制作方法。

制作阔叶树，一般要将树干、枝、叶等部分表现出来。在制作时，先将树干部分制作出来，即先将多股电线的外皮剥掉，将裸铜线拧紧，并按照树木的高度截成若干节，再把上部枝杈部位劈开，形成树干造型。然后将所有树干部分统一进行着色。树冠部分的制作，一般选用细孔泡沫塑料。在制作时先进行着色处理，染料一般采用广告色或水粉色。着色时可将泡沫塑料染成深浅不一的色块，干燥后进行粉碎，粉碎颗粒可大可小。然后将粉末放置在容器中，将事先做好的树干上部涂上胶液，再将树干部分在泡沫塑料粉末中搅拌，待粘满粉末后，将其放置于一旁干燥。胶液完全干燥后，可将上面沾有的浮粉末吹掉，不妥的地方再用剪子修整成形（图 6-20）。

图 6-19　用泡沫和草粉制作绿树模型

图 6-20　用铜丝和海绵制作绿树模型

（2）用纸制作树的方法　利用色纸、卡纸制作树木是一种比较简便且较为抽象的表现方法。制作时，首先选择好纸的色彩和厚度，最好选用绿色和带有肌理的色纸。然后，按照尺度和形状进行剪裁。为使树体大小基本一致，在形体确定后，可制作一个模板，进行批量制作，这样才能保证树木的形体和大小整齐划一（图 6-21、图 6-22）。

图 6-21　绿纸和牙签制作的绿树模型 1

图 6-22　绿纸和牙签制作的绿树模型 2

4. 树篱

树篱是由多棵树木排列组成，通过剪修成形的一种绿化形式。

在表现这种绿化形式时，如果模型的比例尺较小时，可直接用渲染过的泡沫，按其形状进行剪贴即可；如果模型的比例尺较大时，制作中就要考虑它的制作深度与造型、色彩等。

树篱的具体制作方法是：用泡沫先裁切成一个实体造型，如圆柱体、长方体、四棱锥体、球体等，其长度与宽度略小于树篱的实际尺寸。然后将渲染着色过的细孔泡沫塑料粉碎。粉碎时，颗粒的大小应随模型尺度而变化。待粉碎加工完毕后，将切制好的形体涂满胶液，用粉末进行堆积。堆积时，要特别注意它的体量感。若一次达不到预期的效果，可待胶液干燥后，按上述程序重复进行。有时也把涂满胶液的形体直接在草粉中搅拌，塑造成绿篱模型，此种方法较为简便、实用（图 6-23、图 6-24）。

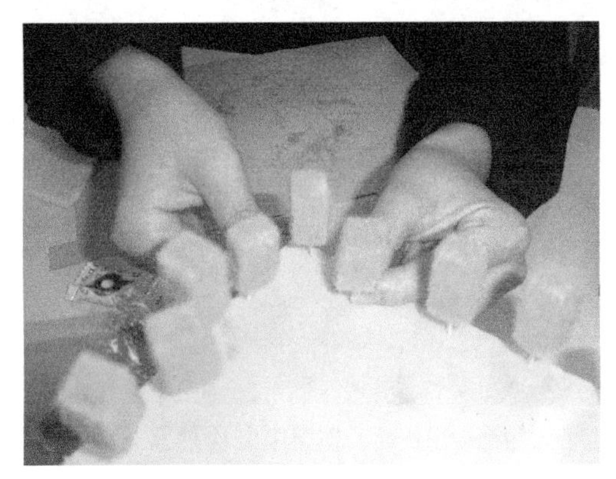

图 6-23　用泡沫和草粉制作灌木模型过程

图 6-24　泡沫和草粉制作的灌木模型

5. 树池花坛

制作树池和花坛的基本材料，一般选用绿地粉或大孔泡沫塑料。

1）绿地粉制作树池花坛。先将树池或花坛底部用白乳液或胶水涂抹，然后撒上绿地粉，用手轻轻按压，将多余部分处理掉。这样便完成了树池和花坛的制作。这里应该强调的是，选用绿地粉时，应以绿色为主，加少量的红黄粉末，从而使色彩感觉更贴近实际效果。

2）大孔泡沫塑料颗粒制作树池花坛。先将染好的泡沫塑料块撕碎，然后沾胶进行堆积，即可形成树池或花坛。在色彩表现时，一般有三种表现方法。第一种是由多种色彩无规律地堆积而形成。第二种是自然退晕，即由黄逐渐变换成绿，或由黄到红等逐渐过渡而形成的一种退晕表现方法。第三种是按色块图案进行有规律地堆积拼接，体现花灌木组合图案的特点。另外，在处理外边界线方法时，与用绿地粉处理截然不同，用大孔泡沫塑料进行堆积时，外边界线要自然地处理成参差不齐的感觉，体现自然、别致的观感效果。

二、其他配景制作

1. 水面

水面是园林模型环境中经常出现的配景之一。水面的表现方式和方法，应随模型的比例及整体色调、风格的变化而变化。

制作园林环境模型比例尺较小的水面时，一种方法是：将水面与路面的高差忽略不计，可直接用蓝色及时贴按其形状进行剪裁，剪裁后按其所在部位粘贴即可。另一种方法是：利用遮挡着色进行处理，即先将遮挡膜贴于水面位置，然后进行漏刻，刻好后用蓝色自喷漆进行喷色，待漆干燥后，将遮挡膜揭掉即可。

制作园林环境模型比例尺较大的水面时，首先要考虑将水面与路面的高差表现出来。通常采用的方法是，先将底盘上水面部分进行镂空处理，在池底面板上用蓝色自喷漆喷上色彩，或用蓝色色纸、卡纸粘贴在池底面板上，然后将透明有机玻璃板或透明塑料膜贴于镂空处，保持水面与池岸的设计高差。用这种方法表现水面，一方面可以将水面与池岸或路面的高差表示出来，另一方面透明板、透明膜在阳光照射和底层蓝色的反衬下，其仿真效果非常好（图 6-25、图 6-26）。

图 6-25　用卡纸、塑料膜制作水景模型过程

图 6-26　用卡纸、塑料膜制作的水景模型

2. 汽车

汽车是园林建筑模型环境中经常用到的配景点缀物。汽车在模型中有两种功能：一是示意性功能，提示此处是停车位或停车场，或机动车通行路（图 6-27）；二是表示比例关系，让人们通过此类参照物来了解建筑的体量和周边尺度关系（图 6-28）。汽车色彩的选配及摆放的位置、数量一定要合理，遵照交通规则和停车规范。

目前，作为模型汽车的制作方法及材料有很多种，下面试举三种简单的制作方法。

（1）翻模制作法　首先，模型制作者可以将所需制作汽车，按其比例和车型各制作出一个标准样品。然后，可用硅胶或铅将样品翻制出模具，再用石膏或石蜡进行大批量灌制。待灌制、脱模后，统一喷漆，即可使用。

（2）手工塑料板制作法　利用手工制作汽车，首先是材料的选择。制作小比例模型车辆时，可用彩色橡皮，按其形状直接进行切割。制作大比例模型车辆时，最好选用有机玻璃板、ABS 板进行制作。具体制作时，先要将车体按其体形特点进行概括。以轿车为例，可以将其概括为车身、车棚两大部分。汽车在缩微后，车身基本是长方形，车棚则是梯形。然后根据制作的比例用有机玻璃板或 ABS 板按其形状加工成条状，并用三氯甲烷将车的两大部分进行贴接。干燥后，按车身的宽度用锯条切开并用锉刀修其棱角，最后进行喷漆即成。若模型制作仿真程度要求较高，还可以在此基础上进行精加工。

（3）手工实木制作法　利用手工或机械切割和粘结实木体块，可以制作一些小比例的汽车模型。若是大型的单色的木质类园林景观模型，该小比例的木材汽车模型可以直接摆放；若是多色的展示模型，则还需要给汽车模型喷涂染色。

图 6-27　提示停车场的汽车仿真模型

图 6-28　表示建筑尺度的汽车仿真模型

3. 灯具

大比例尺园林模型中，一般要在道路边或广场中布置一些路灯作为配景，在草坪中布置一些庭院灯。制作此类配景时，应特别注意尺度，注意灯具的形式与建筑物风格及周围环境的协调关系。

制作小比例尺路灯时，可采用两种简单的制作方法。一种是利用大头针来制作，即将大头针带圆头的上半部折弯，然后，在针尖部套上一小段塑料导线的外皮，以表示灯杆的基座部分。一种是利用牙签做灯杆，其上着所需要的颜色，如黑色、金属灰色或白色，再用铜丝弯出花灯造型，铜丝端部粘结白色泡沫小球。

制作较大比例尺路灯时，可以用人造项链珠和各种不同的小饰品配以其他材料，通过不同的组合方式，制作出各种形式的路灯。

4. 公共设施及标志

园林公共设施及标志一般包括路标、围栏、灯箱、广告栏、垃圾箱、公用电话亭、坐凳等，其模型制作属于设施小品的模型制作，要根据总体模型比例来设计其尺度、精细程度。

（1）道路指示牌　道路指示牌简称路牌，它由两部分组成：路牌架和示意图形板。制作这类配景物时，首先要按比例以及造型，将路牌架制作好，然后进行统一喷漆。待漆喷好后，就可以将各种示意图形贴在路牌架上，并将这些路牌架摆放在模型盘面相应的位置上。选择示意图形时，一定要用规范的图形，也可借用彩色打印机直接将图形、文字按合适比例打印出色纸，粘贴在图形板上。

（2）围栏　围墙栏杆的造型多种多样（图 6-29、图 6-30）。制作小比例围栏时，最简单的方法是先将计算机内的围栏图像打印出来，必要时也可直接手绘在卡纸、有机玻璃薄板或透明膜上，并按其高度和形状裁下，粘在相应的位置上，即可制作成围栏。制作大比例尺围栏时，为使围栏表现得更加形象、逼真，可以用金属线材通过焊接制作围栏，或直接用电脑雕刻机下料。

焊接金属栏杆的制作方法涉及一定的金属加工和焊接工艺。可先选取比例合适的金属线材，一般用细铁丝或漆包线均可。然后，将线材拉直，按其尺寸将线材分成若干段，待下料完毕后，便可进行焊接。焊接时，一般采用锡焊，选用功率较小的电烙铁。用锡焊接时，焊口处要涂上焊锡膏，这样能使接点平润、光滑。在焊接栅条时，要特别注意整体图案的排列特点，注意栏杆的整齐度和等距性。焊接完毕后再用砂纸或锉刀修理各焊点，最后进行喷漆处理。金属栏杆的制作讲究精细别致，立柱杆件要用尺寸精准控制，并排列出韵律感。

图 6-29　围墙栏杆的仿真模型 1

图 6-30　围墙栏杆的仿真模型 2

（3）座椅坐凳　可以自行制作些轻巧别致的凳椅等，作为园林环境休息设施布置的素材。若制作高标准的展示模型时，也可以从专业厂家选择购买一些座椅、坐凳的成品部件（图 6-31、图 6-32）。

图 6-31　花架、坐凳模型

图 6-32　园林座椅模型

5. 环境小品

环境小品包括的类型很多，如雕塑、浮雕、假山、花钵、景观柱阵等。这类配景物在园林模型整体中所占的比例虽然比较小，但就其影响效果而言，绝对不能掉以轻心。

（1）雕塑制作　制作雕塑类小品时，可以使用滑石粉、石膏、白水泥、实木体块等。这类材料可塑性强，通过堆积、塑形便可制作出极富表现力和感染力的雕塑小品。至于金属雕塑，既可用金属杆件直接焊接，也可用电脑雕刻机下料染色制作（图 6-33）。

图 6-33　仿真雕塑模型

（2）假山制作　一种方法是可用碎石块或碎有机玻璃块，通过粘合喷色来粘结制作形态各异的假山。另外一种非常便捷的方法是泡沫雕饰的方法，即用电烙铁（笔头）直接手工烧制泡沫，这需要制作者手眼高度配合，灵活把握瞬时的造型艺术效果(图6-34、图6-35)。

图 6-34 用泡沫制作的假山模型 1

图 6-35 用泡沫制作的假山模型 2

6. 标题、指北针、比例尺

标题、指北针、比例尺等是园林模型不可缺少的组成部分，具有指示功能作用。常见的制作方法有：ABS 板或有机玻璃板电脑雕刻法，实木手工雕刻、切割法，及时贴粘贴制作法，金属板腐蚀及雕刻制作法等。

ABS 板或有机玻璃板电脑雕刻法，其技术操作要点是如何设置字体和雕刻深度的把握。金属腐蚀板及雕刻制作法是较高层次的一种表现形式。金属腐蚀板制作法是用 1mm 左右厚的铜板作基底，用光刻机将内容拷在铜板上，然后用三氯化铁腐蚀，腐蚀后进行抛光，并在阴字上涂漆，即可制得漂亮的文字标盘。雕刻制作法是用单面金属板为基底，将所要制作的内容，用雕刻机将金属层刻除，即可制成。该法由于加工工艺较为复杂，并且还需专用设备，所以一般都是专业模型公司才用。

需要注意的是，园林景观模型要看具体的功能用途和展示的比例大小，无论采用何种方法来制作标题、指北针、比例尺，其文字内容要简单明了，字体大小选择上要适度，注重模型的整体展示效果（图 6-36、图 6-37）。

图 6-36 模型标题指示牌制作 1

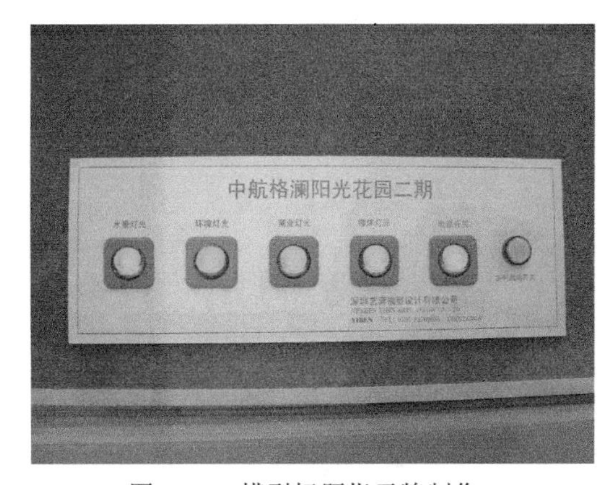

图 6-37 模型标题指示牌制作 2

第七章　创意类模型制作训练

第一节　花架、亭廊创意模型

一、花架项目

（一）KT 板花架模型制作训练

1. 项目内容

使用 KT 板材料，以手工切割、粘贴、拼装、组合等简易方法，按 1:15 或 1:20 的比例分组制作若干个平面形式、立体造型不同的花架模型。

2. 训练目标

1）了解常见的钢筋混凝土结构形式，钢筋混凝土柱梁与实木檩条组合的构造形式，钢管立柱、工字钢梁与实木檩条连接工艺、构造特点。

2）了解花架模型下料图样绘制的步骤和方法。

3）掌握 KT 板花架模型切割下料、连接拼装、组合成形等制作技巧。

4）培养学生空间想象能力、实践动手能力以及技术创新意识。

3. 制作材料和工具

材料：KT 板、双面胶、透明胶带、白乳胶、大头针等。

工具：三角板、直尺等绘图工具；墙纸刀、刀片、手术刀等切割工具。

4. 制作要点

1）模型预备阶段：综合分析园林花架的外观形式、构件类型、连接工艺和受力特点，在此基础上确定模型制作方案。

2）下料图绘制阶段：结合 KT 板板厚尺寸、毛面光面等特点，按比例确定花架各部件的下料尺寸。

3）分工制作阶段：下料切割要细心，粘贴要精准，拼装组合要结实牢靠，技法要简便实用。

4）花架主体与底盘制作阶段：底盘尺寸不宜过大，标示牌上要注明作品名称、制作成员名单和制作时间。

5）模型检查和修正：对于个别细部瑕疵要进行必要的弥补或更换构件，以取得精致的外观效果。

5. 实训作品参考（图 7-1～图 7-6）

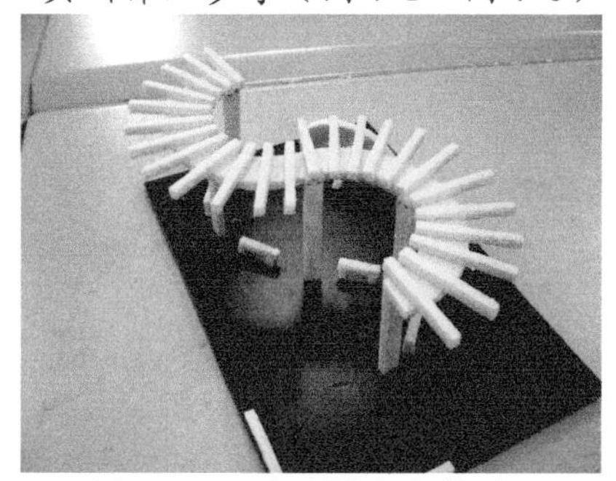

图 7-1　KT 板制作花架模型 1

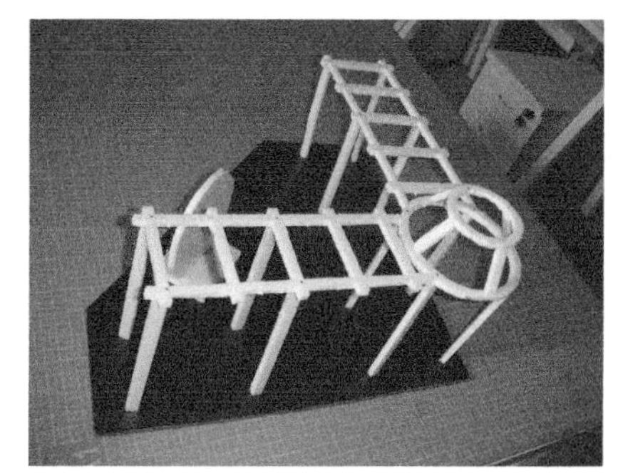

图 7-2　KT 板制作花架模型 2

图 7-3　KT 板制作花架模型 3

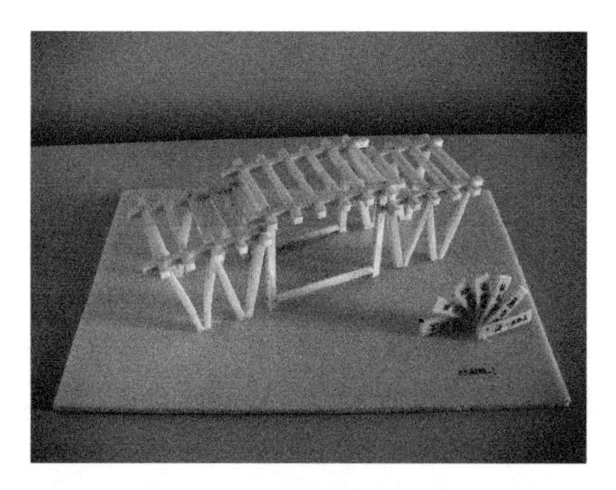

图 7-4　KT 板制作花架模型 4

图 7-5　KT 板制作花架模型 5

图 7-6　KT 板制作花架模型 6

（二）实木花架模型制作训练

1. 项目内容

使用实木板材和线条，以手工和电动工具相结合的方式，通过切割、开榫、凿孔、打磨、胶粘、拼装、组合等简易方法，按 1:15 或 1:20 的比例分组制作若干个平面形式、立体造型不同的实木花架模型。

2. 训练目标

1）了解常见的木结构花架榫卯构造连接的特点。

2）掌握实木板材、线条切割下料、榫卯连接、拼装组合等制作方法和细节处理的工艺技巧。

3）在动手制作过程中遇到问题要协商解决，增强成员之间的协作意识，培养认真、严谨、规范的工作态度和敢于吃苦磨砺的职业素养。

3. 制作材料和工具

材料：实木条、木板、铁钉子、木螺钉、木工胶、乳胶、4115 建筑胶、木胶泥（填缝材料）、砂纸等。

工具：三角板、直尺等绘图工具；手工锯、手电锯、手电钻、美工钩刀等切割工具；錾子、锉刀、电动打磨机等打磨工具；锤子、螺钉旋具、手钳子、扳手等辅助工具。

4. 制作要点

1）动手制作前各成员要对园林中常见的木花架、木廊架能够从平面、立面、构造技术、木结构受力特点等方面进行综合分析。

2）结合实木线条、实木板尺寸、纹理等特点和榫卯构造连接工艺，确定下料方法。

3）各成员合理分工，按操作流程控制工作进度，切割要细心、精准，无论是榫卯连接还是铁钉、螺钉的固定模式，模型组合拼装都要严丝合缝、结实牢靠。

4）尝试手工钢丝锯下料的操作技巧，用力要均匀，手眼要配合一致，遇到走线跑偏时要及时矫正锯割角度，力求构件的锯线轨迹要笔直，并且与木材画线相吻合，尽可能减少误差和打磨工作量。

5）梁柱、横条木等榫卯连接构件需要核对互相插入和咬合的尺寸，反复打磨修正直到对位精准；局部用木螺钉或小钉加固时可先用电钻定位打孔，然后均匀用力钉牢紧固，避免过大的振动而使构件受损。

6）木结构主体建筑的立柱与木板底盘用木螺钉或铁钉固定；对于外观上的一些边角瑕疵，要检查接缝是否缝隙过大，可采用木胶泥填缝处理方法来保证外观面的平整效果。

5. 实训作品参考（图 7-7～图 7-10）

图 7-7　实木制作花架模型 1

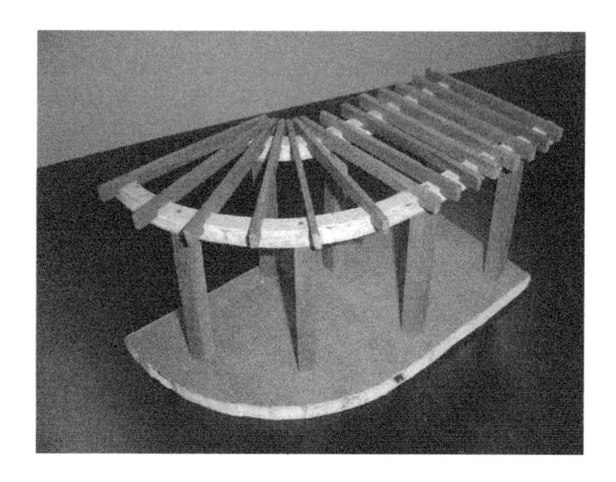

图 7-8　实木制作花架模型 2

图 7-9　实木制作花架模型 3

图 7-10　实木制作花架模型 4

二、园廊项目

（一）KT 板塑料膜园廊模型制作训练

1. 项目内容

使用 KT 板、塑料透明膜，以手工切割、裁剪、粘贴、拼装、组合等简易方法，按 1:15 或 1:20 的比例分组制作玻璃顶园廊模型。

2. 训练目标

1）了解常见的钢管方通、工字钢、槽钢等主体钢结构和玻璃顶结合的园廊构造特点和施工工艺。

2）了解钢结构、玻璃顶、爪式接驳器连接、组合的大样节点要求。

3）掌握 KT 板、塑料透明膜制作园廊模型的基本方法、步骤和技巧。

4）通过钢结构玻璃顶园廊模型设计构思和制作实践，培养在现代钢结构、玻璃顶技术应用方面的技术创新意识和造型审美能力。

3. 制作材料和工具

材料：KT 板、塑料透明膜、双面胶、透明胶带、白乳胶、大头针等。

工具：三角板、直尺等绘图工具；墙纸刀、刀片、手术刀等切割工具。

4. 制作要点

1）动手制作前成员要对钢结构、玻璃顶形式的现代园廊能够从平面、立面、钢结构受力特点、构造工艺等方面进行综合分析。

2）按操作流程完成 KT 板下料，切割要细心，拼装对位要精准。

3）塑料膜下料和粘贴是技术难点，需要克服塑料透明膜柔滑而有弹性的缺点。在 KT 板檩条龙骨上粘好双面胶，把裁切好的塑料膜大致对准檩条部位（不要全部按下），然后仔细核准边角的放置尺寸后先从一个边角开始铺贴，速度要慢，张拉力要均匀，观察要敏锐，不要让塑料膜局部起褶皱；只有保证屋顶的平整度和美观度，看起来才更像玻璃的效果。建议选择稍厚一点的塑料透明膜，铺贴前就要凭借直尺和墙纸刀（或手术刀）精准地把“玻璃”屋顶裁切到位。

5. 实训作品参考（图 7-11～图 7-16）

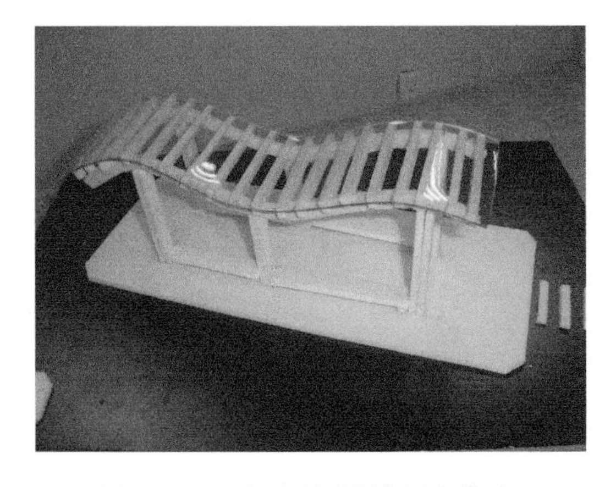

图 7-11　KT 板塑料膜制作园廊模型 1

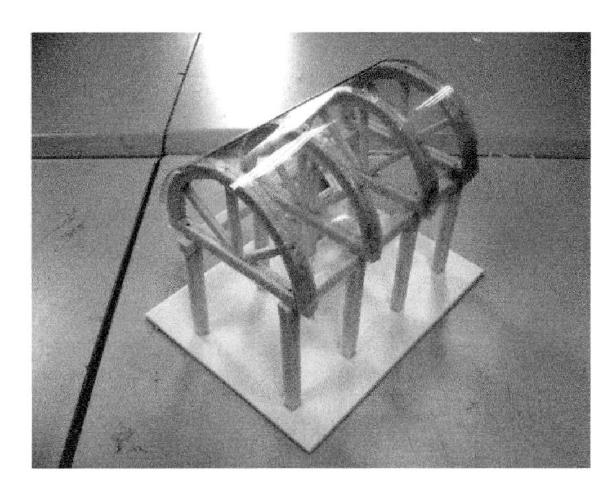

图 7-12　KT 板塑料膜制作园廊模型 2

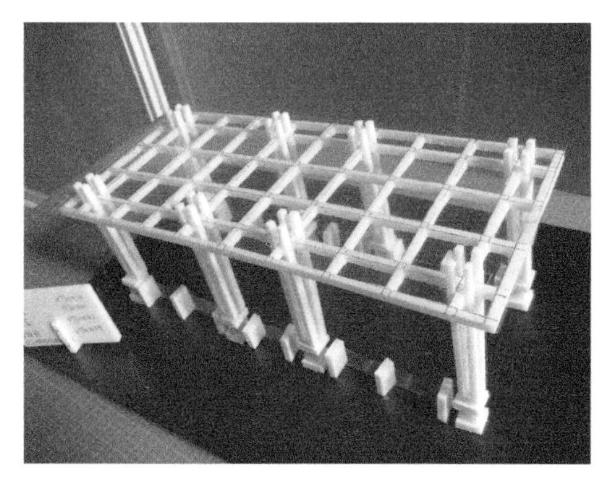

图 7-13 KT 板塑料膜制作园廊模型 3

图 7-14 KT 板塑料膜制作园廊模型 4

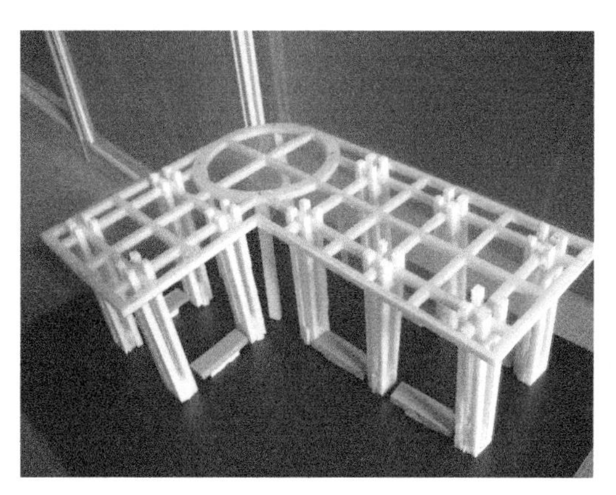

图 7-15 KT 板塑料膜制作园廊模型 5

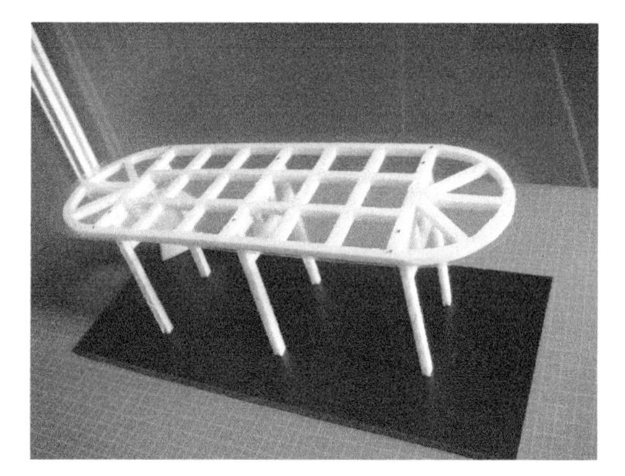

图 7-16 KT 板塑料膜制作园廊模型 6

（二）实木园廊模型制作训练

1. 项目内容

使用实木板材、木线和有机玻璃板材料，以手工和电动工具相结合的方式，通过切割、开榫、打磨、胶粘、拼装、组合的基本方法，按 1:15 或 1:20 的比例制作实木园廊模型。

2. 训练目标

1）学习和体验实木板材、木线切割下料、榫卯连接、拼装组合的园廊构造技术。

2）强化木构件模型制作的实践动手能力。

3. 制作材料和工具

材料：实木条、木板、2mm 厚有机玻璃板、铁钉、木螺钉、木工胶、木胶泥（填缝材料）等。

工具：三角板、直尺等绘图工具；手锯、电锯、电钻、美工钩刀等切割工具；锉刀、电动打磨机等打磨工具；锤子、螺钉旋具、钳子、扳手等辅助工具。

4. 制作要点

1）对园林木结构坡顶园廊的平面布柱尺寸、剖面构造形式、立面外观特点等进行综合分析。

2）结合实木线条、实木板、有机玻璃板尺寸和榫卯构造连接工艺，确定下料方法。

3）按操作流程分工下料制作，切割要细心，梁柱、檩条等构件连接需要精准对位，榫卯连接或铁钉、螺钉拼装等要结实牢靠。

5. 实训作品参考（图 7-17、图 7-18）

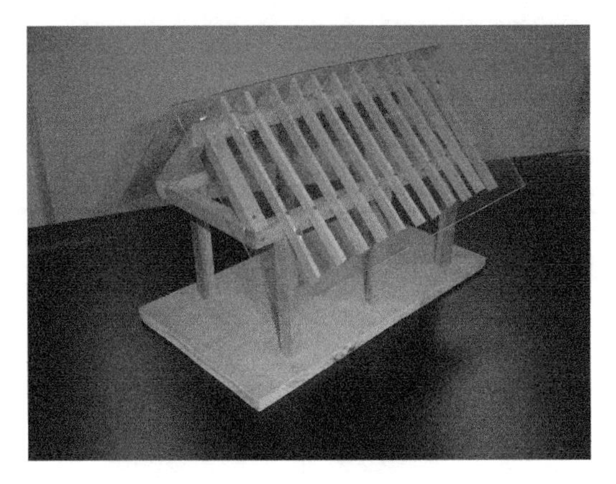

图 7-17　实木园廊模型 1

图 7-18　实木园廊模型 2

三、园亭项目

（一）KT 板坡顶园亭模型制作训练

1. 项目内容

使用 KT 板、塑料透明膜两种主要材料，按 1:15 或 1:20 的比例制作坡顶形式、立体造型不同的坡顶园亭模型。

2. 训练目标

1）了解传统形式的木结构瓦垄坡顶园亭的构造特点。

2）了解钢结构和玻璃顶结合的现代坡顶园亭的构造连接技术。

3）掌握坡顶园亭模型的基本制作方法、步骤和技巧。

4）培养熟练应用混凝土结构、钢结构、木结构体系设计坡顶园亭的技术能力。

5）进一步强化建筑材料应用能力、空间组合能力和动手制作模型的综合能力。

3. 制作材料和工具

材料：KT 板、塑料透明膜、双面胶、透明胶带、白乳胶、大头针等。

工具：三角板、直尺等绘图工具；墙纸刀、刀片、手术刀等切割工具。

4. 制作要点

1）收集坡顶园亭的相关资料，讨论坡顶园亭的平面布局、立面造型、构造特点。

2）熟悉常见的钢管方通、工字钢、槽钢等型材以及木结构材料的使用特性要求，能把木结构攒尖顶造型或钢结构金字塔造型分解成若干梁、柱、檩条体系。

3）根据设计图样上平面、立面、剖面标注尺寸按比例确定坡顶园亭各个构件的下料尺寸。

4）切割要细心精准，粘贴要结实。遇到构件连接出现误差的问题，要认真分析原因，及时修整或替换，保证模型构造要合理，比例尺度要符合形式美的观赏效果。

5. 实训作品参考（图 7-19～图 7-24）

图 7-19　KT 板制作坡顶园亭模型 1

图 7-20　KT 板制作坡顶园亭模型 2

图 7-21　KT 板制作坡顶园亭模型 3

图 7-22　KT 板制作坡顶园亭模型 4

图 7-23　KT 板制作坡顶园亭模型 5

图 7-24　KT 板制作坡顶园亭模型 6

（二）欧式穹顶园亭结构模型制作训练

1. 项目内容

使用 KT 板材料或实木材料、金属杆件（线材）等，以手工或电动曲线锯、钢丝锯等

工具切割、粘贴、拼装、组合等简易方法，按 1:10、1:15 或 1:20 的比例制作高度、直径、造型有一些差异性的欧式穹顶园亭的结构模型。

2. 训练目标

1）了解欧式穹顶园亭的平面布柱规律和外观造型特征，能够对组成半球体空间结构的圈梁、拱券等作出简单的受力分析。

2）对照罗马柱、挑檐线角、宝顶等细部构造大样图，确定模型中仿照欧式穹顶构件的长、宽、高、直径等下料尺寸。

3）在借鉴欧式穹顶园亭相关资料的基础上，进一步思考国内公园建设钢筋混凝土或钢结构穹顶园亭应该把握的比例、尺度和装饰细节。

3. 制作材料和工具

材料：KT 板、木板、木线、胶合板、金属线材、金属管材、木工胶、白乳胶、双面胶、透明胶带、木螺钉、铁钉、大头针等。

工具：圆规、曲线尺、三角板、直尺等绘图工具；墙纸刀、刀片、手术刀、美术刻刀、手锯、电动曲线锯等切割工具；电动打磨机、锉刀等打磨工具；锤子、钢钳、螺钉旋具等辅助工具。

4. 制作要点

1）对传统的欧式穹顶园亭结构、构造形式、线角大样等进行综合分析。

2）按 KT 板模型、实木模型、金属模型几个类型分成制作小组，分别结合 KT 板、实木、金属材料特点，根据设计图样上平面、立面、剖面标注尺寸按比例确定欧式穹顶园亭各个构件的下料尺寸。

3）分工要有针对性，切割要细心，拼装组合对位要精准，粘贴固定、钻眼固定或焊接固定都要结实牢靠。

4）弧形下料、曲线下料和罗马柱线角制作是欧式穹顶园亭模型制作的技术难点，在制作过程中需要成员之间及时沟通交流，反复磨合，校对和核准构件尺寸，以保证整体模型精致典雅的效果。

5）若使用电锯、曲线锯、电钻等电动工具操作木质模型，要注意难度系数和复杂程度的把握。在创意模型阶段，讲究抓大放小、由粗到细的操作技巧，一旦发现问题要及时纠正解决。

5. 实训作品参考（图 7-25～图 7-28）

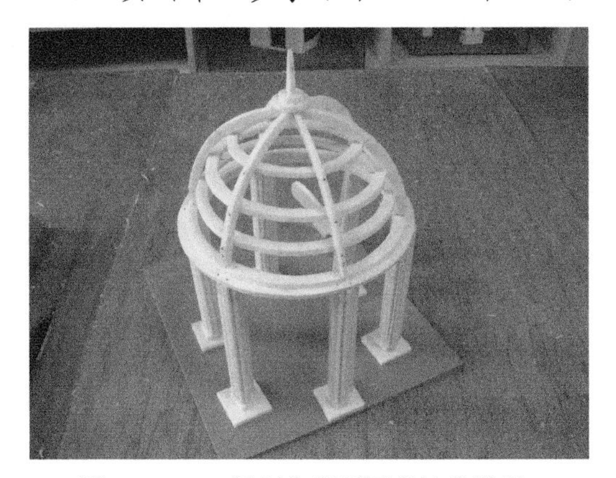

图 7-25 KT 板制作穹顶园亭结构模型 1

图 7-26 KT 板制作穹顶园亭结构模型 2

图 7-27　KT 板制作穹顶园亭结构模型 3

图 7-28　KT 板制作穹顶园亭结构模型 4

第二节　公园洗手间创意模型

一、KT 板、卡纸洗手间单元模型制作训练

随着经济的发展和城市化进程的快速迈进，流动型、装配型洗手间在城市广场、街头绿地或公园绿地中具有广泛的推广价值。该类型洗手间一般由若干个标准厕位单元组成，具有环保、卫生和容易灵活布置的特点。

1. 项目内容

使用 KT 板、彩色卡纸、及时贴、塑料透明膜、有机玻璃板等材料，以手工切割、裁剪、粘贴、拼装、组合等简易方法，按 1:10 的比例制作公园流动型、装配型洗手间单元创意模型。

2. 训练目标

1）了解公园流动型、装配型洗手间的布局特点和卫生器具布置的常规尺寸。

2）了解工字钢、角钢、槽钢等主体钢结构和复合板材建造流动型、装配型洗手间的整体造型特点和工艺要求。

3）确定 KT 板构件仿照现实中流动型、装配型洗手间构件的长、宽、高下料尺寸。

4）掌握 KT 板、卡纸、塑料透明膜、有机玻璃板等制作流动型、装配型洗手间的基本方法、步骤和技巧。

3. 制作材料和工具

材料：KT 板、彩色卡纸、锡箔纸、及时贴、塑料透明膜、有机玻璃板、双面胶、透明胶带、白乳胶、胶水、大头针等。

工具：三角板、直尺等绘图工具；墙纸刀、刀片、手术刀、剪刀等切割、剪裁工具。

4. 制作要点

1）对公园流动型、装配型洗手间的布局形式、结构特点、构造技术、设备安装尺寸等进行综合分析。

2）结合 KT 板、卡纸、有机玻璃板厚度尺寸，根据设计图样上平面、立面、剖面标注

尺寸按比例确定流动型、装配型洗手间单元模型各个构件的下料尺寸。

3）按统一的尺寸规格和操作流程下料，从切割、剪裁到拼装、组合，要精准对位。

4）流动型、装配型洗手间创意模型，做工要精致，外观要体现出适宜的比例、尺度、色彩；各成员可以尝试多个标准单元体灵活的组合方式，探讨该项目能够适应多种地形环境的优势所在。

5. 实训作品参考（图 7-29～图 7-32）

图 7-29　KT 板洗手间单元模型 1

图 7-30　KT 板洗手间单元模型 2

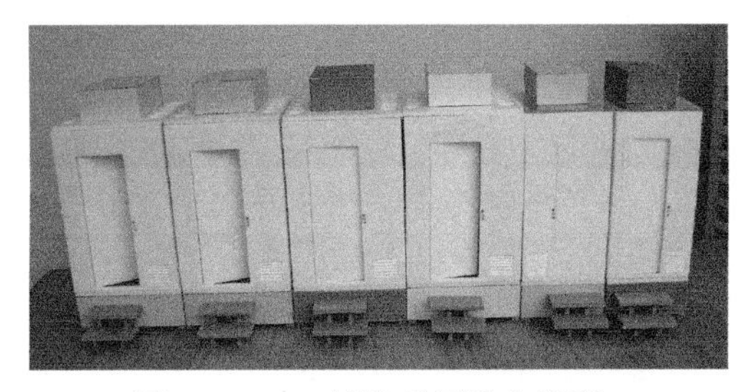

图 7-31　KT 板洗手间组合模型 1

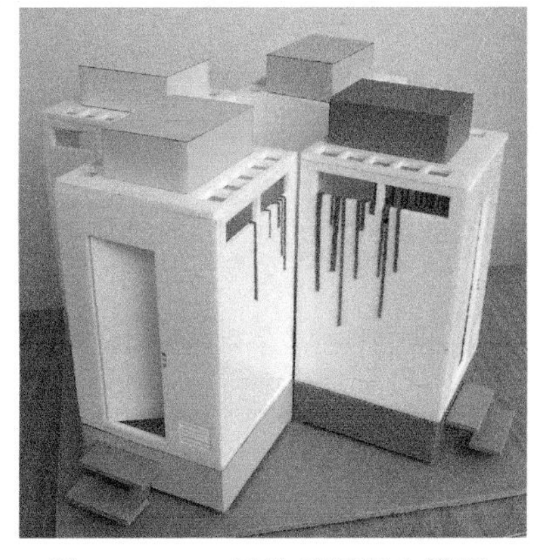

图 7-32　KT 板洗手间组合模型 2

二、实木板材绿色洗手间模型制作训练

1. 项目内容

使用实木板材、木线、彩色卡纸、塑料透明膜、有机玻璃板等材料，以手工和电动工具相结合，通过切割、裁剪、粘贴、拼装、组合等方法，按 1:10 的比例制作不同平面布局、立面造型的公园绿色洗手间创意模型。

2. 训练目标

1）了解公园绿色洗手间的设计理念和功能布局特点。

2）了解钢筋混凝土、钢结构、木结构或砖混结构等类型的洗手间整体造型特点和构造技术。

3）掌握洗手间实木模型制作的基本方法、步骤和技巧。

3. 制作材料和工具

材料：实木板材、多层胶合木板、木线、有机玻璃板、KT 板、彩色卡纸、及时贴、塑料透明膜、海绵、草地粉、白乳胶、双面胶、透明胶带、喷漆、水粉颜料、木螺钉、铁钉、大头针等。

工具：三角板、直尺等绘图工具；墙纸刀、刀片、手术刀、剪刀、手持式电锯、曲线电锯、电圆锯切割机等切割、剪裁工具；锤子、钢钳、扳手、螺钉旋具、锉刀等辅助工具。

4. 制作要点

1）对公园绿色洗手间建筑的设计理念、空间组合形式、屋顶结构特点、构造方法、卫生器具、节水设备等进行综合分析。

2）结合实木板材、木线的规格尺寸，根据设计图样按比例确定绿色洗手间建筑模型各构件的下料尺寸。

3）掌握电锯、电刨、电钻等工具的操作要领，按操作流程循序渐进地完成木板、木条的下料；同时要及时打磨和校正构件尺寸，以便拼装、组合精准对位。

4）将绿色、环保的生态理念融入创意模型中，并辅之以可行的技术处理手段作保障，不断增强技术创新意识；模型做工要精致，外观要美观。

5. 实训作品参考（图 7-33、图 7-34）

图 7-33　绿色洗手间模型 1

图 7-34　绿色洗手间模型 2

第三节　公园卖品店创意模型

当前我国各大、中、小城市都在加快城市公园的建设步伐，越来越重视公园内部绿化环境，很多旅游纪念品、冷饮小食品、文化艺术品等卖品店在城市公园里兴建，极大地便利了市民的物质和精神文化生活的需求。除此之外，卖品店在满足自身使用功能的同时，也要注重立面外观、造型风格与整体环境的协调和融合。

本项目为 KT 板、瓦楞纸小型卖品店创意模型的制作训练，平面、立面、造型样式可自行设计，建议卖品店建筑控制在三间房以内，面积控制在 $100m^2$ 以内。

1. 项目内容

使用 KT 板和其他纸质材料，按 1:15 或 1:20 的比例制作公园小型卖品店创意模型。

2. 训练目标

1）了解公园卖品店的常用布局特点和货架、柜台布置的形式及收银模式。

2）了解砖混结构、轻钢结构、木结构以及复合板材建造卖品店的构造特点。

3）掌握KT板、瓦楞纸、卡纸、塑料透明膜等制作卖品店的基本方法、步骤和技巧。

4）在模型设计和制作实践中逐步培养和训练创新意识、创新方法和技术手段。

3. 制作材料和工具

材料：KT板、彩色瓦楞纸、卡纸、及时贴、塑料透明膜、有机玻璃板、双面胶、透明胶带、白乳胶、胶水、大头针等。

工具：三角板、直尺、圆规、曲线板等绘图工具；墙纸刀、刀片、手术刀、剪刀等切割、剪裁工具。

4. 制作要点

1）对公园卖品店的常见布局形式、结构特点、构造方法、柜台货架尺寸等进行综合分析。

2）结合KT板、瓦楞纸、卡纸等厚度尺寸，根据设计图样和真实建筑实物的选材特点按比例确定卖品店建筑模型各构件的下料尺寸、外观色彩。

3）按预定的操作流程下料，从切割、剪裁到分项制作，再到拼装、组合成形，要尽可能准确对位、精巧细致，充分体现出作品的造型艺术特点。

5. 实训作品参考（图7-35～图7-38）

图7-35　公园卖品店模型1

图7-36　公园卖品店模型2

图7-37　公园卖品店模型3

图7-38　公园卖品店模型4

第四节　小游园创意模型

小游园的使用范围很广，经常出现在城市公园、街头绿地、居住区花园或其他企事业单位的庭院绿地上。这类小游园占地一般在10000m²以内，大多包括铺装硬地、水景、亭廊花架、雕塑小品、草坪、乔灌木、花卉等内容，讲究小巧雅致、环境宜人。

1. 项目内容

综合使用泡沫、KT 板和其他纸质材料，以简易可行的方法，按 1:50 或 1:100 的比例制作小游园创意模型。

2. 训练目标

1）了解城市公园内一些小游园或住宅花园、企事业单位庭院绿地的平面布局、功能分区、活动设施布置和植物造景情况。

2）通过实地调研和资料查询，将小游园规划设计理念转化为模型下料图样。

3）确定地形下料方法、园林建筑构件下料尺寸以及主要水景和绿化小品配景等模型内容。

4）掌握聚苯乙烯泡沫板按等高线切割下料、粘结以及石膏粉修整成形的坡地地形制作方法。

5）掌握 KT 板、蓝色卡纸、塑料透明膜制作水景，用铜丝、海绵、颜料制作乔灌木的基本步骤、方法和技巧。

3. 制作材料和工具

材料：聚苯乙烯泡沫板、KT 板、卡纸、有机玻璃板、及时贴、塑料透明膜、海绵、牙签、铜丝、双面胶、透明胶带、白乳胶、胶水、大头针、水粉颜料、小桶喷漆等。

工具：三角板、直尺等绘图工具；墙纸刀、刀片、手术刀、剪刀等切割、剪裁工具。

4. 制作要点

1）对小游园设计图样中地形、坡地、绿地、硬地、水面、树木、道路、园林建筑、环境设施小品等内容熟悉了解，并制定简单的操作流程。

2）结合聚苯乙烯板、卡纸、有机玻璃板的厚度尺寸，根据设计图样上平面、立面、剖面标注尺寸按比例确定硬地铺装、园路、园林建筑单体模型各构件的下料尺寸。

3）按预定的操作流程进行各组件的下料、染色、拼装、组合，制作要细心、专心、耐心、精准。

4）小游园创意模型布置内容较多，需要制作人员集体协作，每个子项细节的制作都要精心推敲，把握和调整好适宜的比例、尺度、色彩；坡地地形设计、水景设计、假山堆砌、园林建筑设计以及其他环境小品布置等要统筹兼顾，创造优美、舒适的整体造景效果。

5. 实训作品参考（图 7-39～图 7-42）

图 7-39　小游园模型 1

图 7-40　小游园模型 2

图 7-41　小游园模型 3

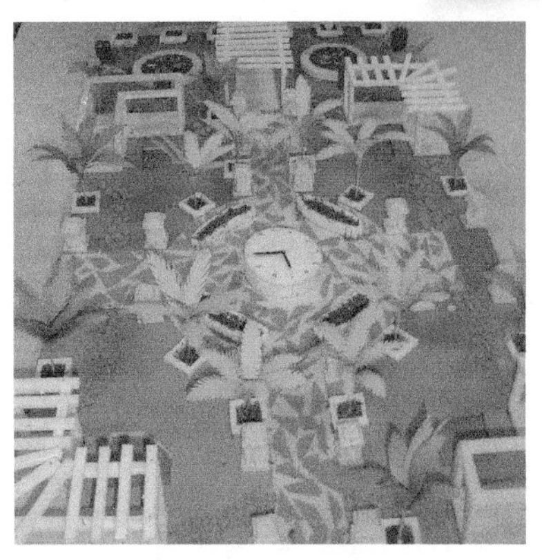

图 7-42　小游园模型 4

第八章　展示类模型制作实例

第一节　花架、亭廊展示模型制作实例

一、花架展示模型制作实例

1. 项目内容

使用 ABS 板、金属杆件、塑料管件、喷漆等材料，制作一些园林花架模型。模型比例可以选用 1:10、1:15、1:20 几种。利用仿真的喷漆颜色表现出花架的材质特性，造型形式要新颖，构造技术要科学合理，总体效果要能够展示出现代花架的艺术美感。

2. 模型实物照片（图 8-1～图 8-6）

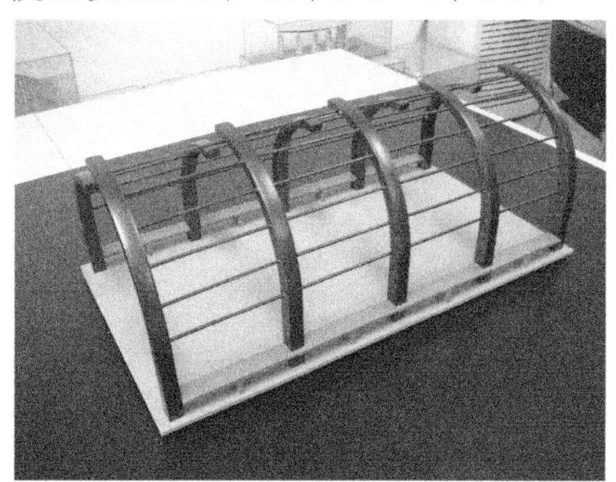

图 8-1　花架模型 1

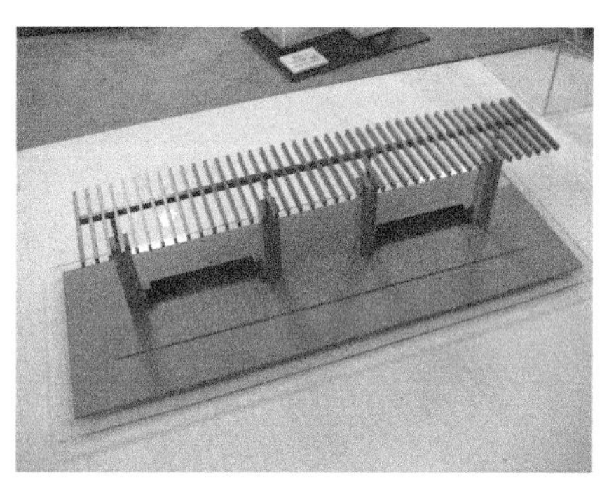

图 8-2　花架模型 2

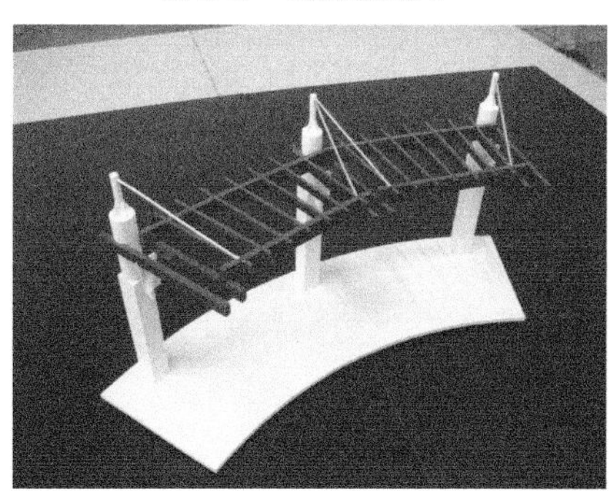

图 8-3　花架模型 3

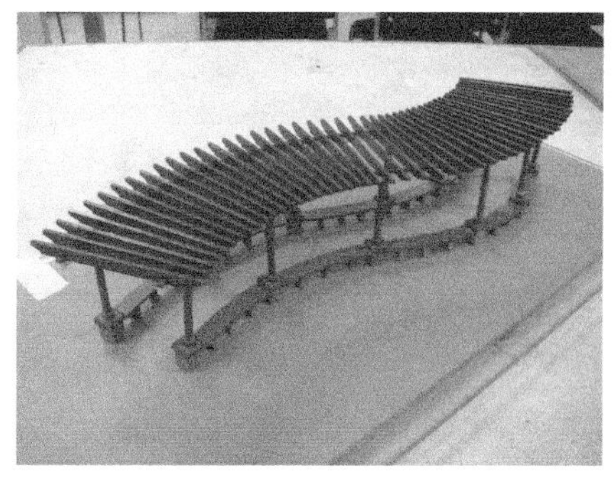

图 8-4　花架模型 4

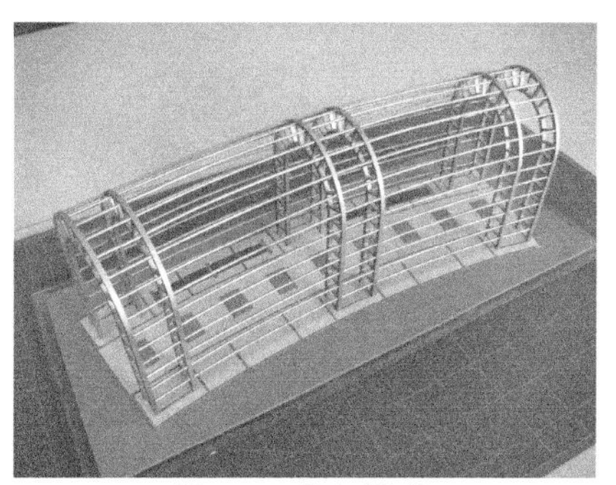

图 8-5　花架模型 5

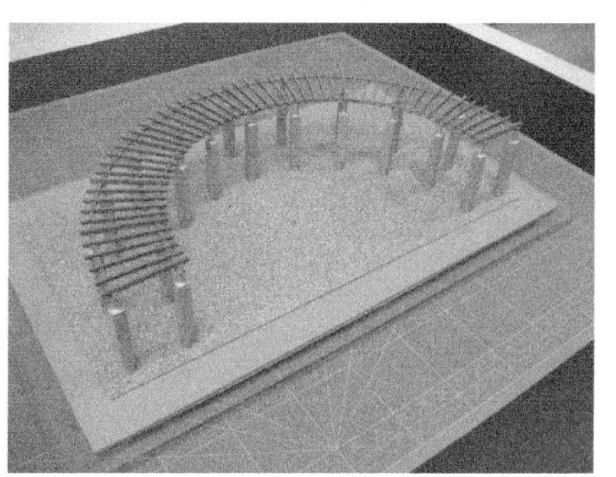

图 8-6　花架模型 6

二、园廊展示模型制作实例

1. 项目内容

使用 ABS 板、有机玻璃板、金属杆件、木线、塑料管件、及时贴、贴面铺装用的装饰彩纸以及喷漆涂料等材料，制作一些景区园廊模型。模型比例可以选用 1:10、1:15、1:20 几种。利用仿真的喷漆颜色表现出园廊的材质特性，造型形式要多样化，既可以是钢结构、玻璃顶的现代廊，也可以借鉴中国传统木结构坡顶园廊或欧式柱廊的特点。构造方法、制作工艺要精致合理，结构体系要符合力学要求。

2. 模型实物照片

图 8-7　园廊模型 1

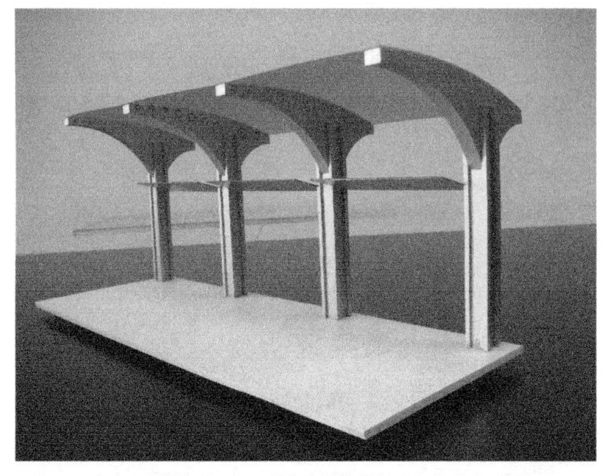

图 8-8　园廊模型 2

图 8-9　园廊模型 3

图 8-10　园廊模型 4

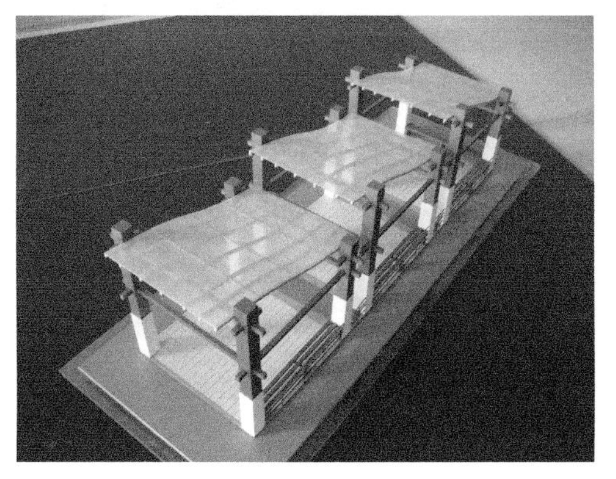

图 8-11　园廊模型 5

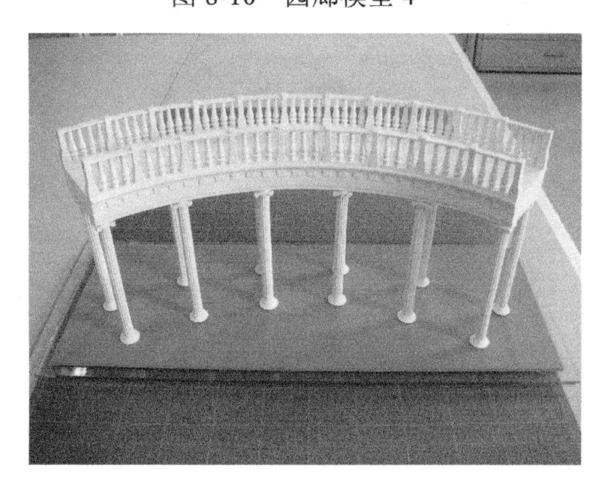

图 8-12　园廊模型 6

三、园亭展示模型制作实例

1. 项目内容

使用 ABS 板、有机玻璃板、金属杆件、木线、塑料管件、及时贴、瓦楞纸、贴面铺装用的装饰彩纸以及喷漆涂料等材料，制作一些景区园亭模型。模型比例可以选用 1:10、1:15、1:20 几种。利用仿真的喷漆颜色表现出园亭的材质特性。造型形式要多样化，既可以是钢结构、玻璃顶的现代亭，也可以借鉴中国传统木结构瓦垄坡顶园亭或欧式穹顶园亭的特点。设计方案要注重推陈出新，将材料和构造技术工艺有机结合，外观效果要精致典雅，具有一定的艺术感染力。

2. 模型实物照片

（1）中国传统风格特色的园亭模型（图 8-13～图 8-18）

图 8-13　园亭模型 1

图 8-14　园亭模型 2

图 8-15　园亭模型 3

图 8-16　园亭模型 4

图 8-17　园亭模型 5

图 8-18　园亭模型 6

（2）欧式特征的穹顶园亭模型（图 8-19～图 8 -22）

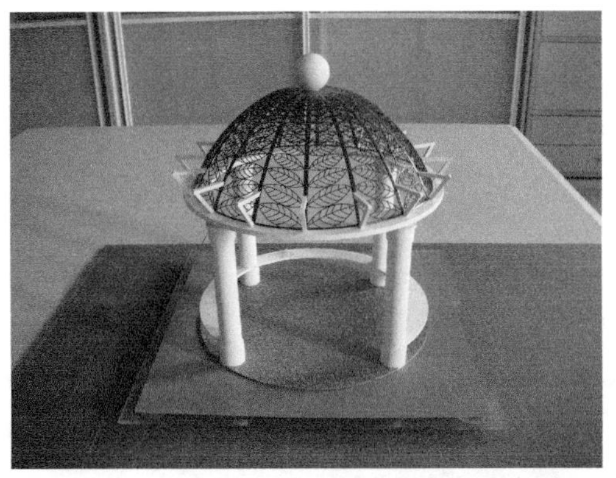

图 8-19　园亭模型 7

图 8-20　园亭模型 8

图 8-21　园亭模型 9

图 8-22　园亭模型 10

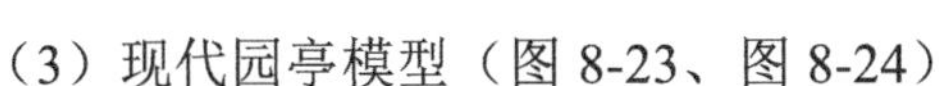

（3）现代园亭模型（图 8-23、图 8-24）

图 8-23　园亭模型 11

图 8-24　园亭模型 12

第二节　公园洗手间展示模型制作实例

1. 项目内容

使用 ABS 板、有机玻璃板、金属杆件、木线、塑料管件、泡沫、海绵、及时贴、瓦楞纸、贴面铺装用的装饰彩纸以及喷漆涂料等材料，设计和制作一个公园绿色生态洗手间模型，比例为1:20，建筑面积控制在100m^{2}以内。总体布局上要考虑公园游客使用的舒适性和便捷性；设置合适的厕位数量和洗手设备；墙体或屋顶开窗设计要有利于通风换气；尝试将芳香植物引入室内的生态功效。立面造型要简洁、新颖、大方，与周围绿色环境相融合。结构形式为钢筋混凝土主体结构，雨篷采用钢结构玻璃顶形式。建筑设计手法要简洁凝练，造型艺术要有强烈的现代意识，构造技术工艺讲究合理精致。

2. 模型实物照片（图8-25）

图8-25　绿色生态洗手间模型

第三节　公园卖品店展示模型制作实例

1. 项目内容

使用ABS板、有机玻璃板、金属杆件、塑料杆件、泡沫、海绵、及时贴、贴面铺装用的装饰彩纸以及喷漆涂料等材料，设计和制作一个公园卖品店模型，比例为1:20，建筑面积控制在300m^{2}以内。总体布局上要综合考虑交通流线、周边环境景观要求和日常消费用品的超市性质，要非常便利地满足该公园大量游客的消费需求。立面造型要简洁、新颖、大方，体现钢结构、铝板、透明大玻璃材料的现代特色。建筑构造技术和装饰效果要讲究新材料、新工艺的有机结合。

2. 模型实物照片（图8-26）

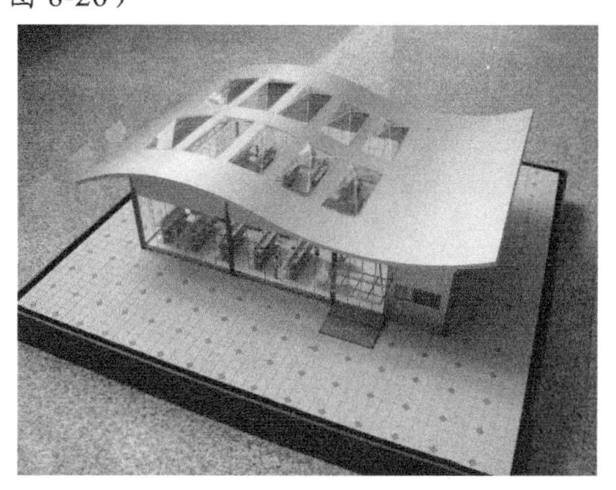

图8-26　公园卖品店模型

第四节 公园小型展室展示模型制作实例

主题展室兼具科普教育、文化宣传、商业营销等多项用途。公园展室包括接待厅、公众展室、展品库、内部管理办公用房等附属设施，它的外观形式、体形特征也很重要，需要结合公园总体规划设计来把握其设计定位和风格特色。

1. 项目内容

使用ABS板、有机玻璃板、塑料杆件、泡沫、海绵、及时贴、贴面铺装用的装饰彩纸以及喷漆涂料等材料，设计和制作一个公园展室模型，比例为1:20，建筑面积在500m^{2}以内。总体布局上要综合考虑交通流线要求、周边环境景观要求和通常游客观展的基本流程。内部空间组织要符合布展、观展的功能特点。立面造型要简洁、大方，外观上以白色调为主。

2. 模型实物照片（图8-27、图8-28）

图8-27 公园小型展室模型鸟瞰1

图8-28 公园小型展室模型鸟瞰2

第五节 多功能活动室展示模型制作实例

游客活动室兼具文化交流、健身活动、科普教育、儿童游乐、茶饮快餐、商业营销等多项用途。公园的活动室设计要结合公园的总体规划综合考虑功能布局、流线组织、外观造型、风格特色等设计要素。

1. 项目内容

使用ABS板、有机玻璃板、塑料杆件、泡沫、海绵、及时贴、贴面铺装用的装饰彩纸以及喷漆涂料等材料，设计和制作一个公园多功能活动室模型，比例为1:20，建筑面积在1500m^{2}以内。总体布局上要综合考虑交通流线要求、周边环境景观要求和游人参与多种室内文体活动的功能要求。内部流线组织要符合消防规范。建筑局部设计成屋顶花园。外观主色调为白色，透明的大玻璃窗有助于室内外的取景和借景。立面造型要体现纯现代艺术特征。

2. 模型实物照片（图 8-29～图 8-32）

图 8-29　公园多功能活动室模型鸟瞰 1

图 8-30　公园多功能活动室模型鸟瞰 2

图 8-31　多功能活动室模型局部 1

图 8-32　多功能活动室模型局部 2

第六节　别墅建筑与环境模型制作实例

1. 项目内容

使用 ABS 板、有机玻璃板、塑料杆件、泡沫、海绵、及时贴、贴面铺装用的装饰彩纸以及喷漆涂料等材料，设计和制作一个傍山别墅模型，比例为 1:20，建筑面积在 500m^2 以内。总体布局上要综合考虑坡地地形、小车通行、泳池布置、周边山地绿化环境和居高观景等多项功能要素。别墅模型的设计和制作，要体现出突出的造型艺术特征，空间要富有变化，景观要美观精致，品位要优雅脱俗。

2. 模型实物照片（图 8-33～图 8-38）

图 8-33　别墅建筑与环境模型鸟瞰 1

图 8-34　别墅建筑与环境模型鸟瞰 2

图 8-35　别墅建筑与环境模型局部 1

图 8-36　别墅建筑与环境模型局部 2

图 8-37　别墅建筑与环境模型局部 3

图 8-38　别墅建筑与环境模型局部 4

第七节　居住区花园环境展示模型制作实例

1. 项目内容

使用 ABS 板、有机玻璃板、塑料、五金杆件、泡沫、海绵、及时贴、贴面铺装用的装饰彩纸以及喷漆涂料等材料，制作一个大型的楼盘花园环境模型，比例为 1:50，同时附带一个楼盘选址位置及周边地段环境模型，比例为 1:500。1:50 的大型展示模型设计与制作，要按照小区园林环境规划设计图样，精心布置中心花园、宅前绿地小花园、临街绿地、入口广场等处的园路、铺地、水景、会所、亭廊花架、绿地、乔灌木、花坛、雕塑、儿童活动器材以及其他环境小品。内容要丰富、写真，景观要优美、典雅，要有突出的现代艺术美感。

2. 模型实物照片（图 8-39～图 8-44）

图 8-39　居住区选址位置及周边地段环境模型

图 8-40　居住区中心花园环境模型

图 8-41　居住区组团花园环境模型 1

图 8-42　居住区组团花园环境模型 2

图 8-43　居住区别墅花园环境模型

图 8-44　居住区临街地段环境模型

第八节　大型主题公园展示模型制作实例

主题公园布置有休闲观景、文化交流、健身娱乐、儿童游戏、餐饮服务、居住度假、商务办公等多种建筑设施、环境小品设施。

1. 项目内容

使用 ABS 板、有机玻璃板、塑料、五金杆件、泡沫、海绵、及时贴、贴面铺装用的装饰彩纸以及喷漆涂料等材料，制作一个大型的主题公园展示模型，比例为 1:500。模型设计与制作，要按照主题公园规划设计图样，精心布置各大景区山地、湖泊、园路、缆车索道、小火车铁路、广场、水景、酒店、会所、度假别墅、亭廊花架、绿地、乔灌木、雕塑等环境小品。内容要丰富、写真，景观要优美、典雅，能够体现出该主题公园的整体环境特色，模型作品要具有吸引力和震撼力。

2. 模型实物照片

深圳东部华侨城主题公园环境模型（图 8-45～图 8-56）

图 8-45 东部华侨城茵特拉根小镇环境模型 1

图 8-46 东部华侨城茵特拉根小镇环境模型 2

图 8-47 东部华侨城茵特拉根小镇中心剧场地段环境模型

图 8-48 东部华侨城茵特拉根小镇酒店会所地段环境模型

图 8-49 东部华侨城茶园环境模型

图 8-50 东部华侨城别墅区水景环境模型

图 8-51 东部华侨城大峡谷瀑布环境模型

图 8-52 东部华侨城水上乐园模型

图 8-53　东部华侨城山地环境模型

图 8-54　东部华侨城别墅环境模型 1

图 8-55　东部华侨城别墅环境模型 2

图 8-56　东部华侨城别墅环境模型 3

参 考 文 献

[1] 朗世奇. 建筑模型设计与制作[M]. 北京：中国建筑工业出版社，2001.
[2] 李敬敏. 建筑模型设计与制作[M]. 北京：中国建筑工业出版社，2001.
[3] 郭红蕾，阳虹，师嘉，等. 建筑模型制作[M]. 北京：中国建筑工业出版社，2007.

室内设计技术·环境艺术设计·建筑装饰工程技术专业通用教材

设计素描写生
设计色彩写生
造型设计基础
手绘效果图表现技法
建筑及室内效果图制作教程
家具与陈设

室内设计技术·环境艺术设计专业教材

室内设计原理
室内专题设计
景观规划设计
居住小区景观设计
建筑装饰装修材料与应用
展示设计

建筑装饰工程技术专业教材

建筑装饰制图
建筑装饰制图习题集
建筑装饰材料
建筑装饰设计原理
建筑装饰构造与施工
建筑装饰工程计量与计价
建筑装饰施工组织与管理
建筑装饰工程基本技能实训指导
建筑装饰CAD实例教程及上机指导
建筑装饰Photoshop实例教程及上机指导

建筑设计技术专业教材

建筑制图与阴影透视
建筑制图与阴影透视习题集
建筑初步
建筑设计原理
建筑场地设计
城市规划原理
建筑专题设计
建筑模型工艺与设计

园林工程技术专业教材

园林建筑设计
中外园林简史
园林工程制图与识图
园林规划设计
园林工程设计
园林工程施工
园林建筑构造
园林工程测量
园林树木与花卉
园林工程计算机绘图
园林工程计量与计价
园林模型设计与制作
园林工程施工组织与管理
园林植物栽培与养护管理
园林工程材料识别与应用
园林工程CAD

注：标 [十一五] 者为普通高等教育“十一五”国家级规划教材

机工教育微信服务号

ISBN 978-7-111-33773-7

定价：29.80元